# 养了猫，我就后悔了 2.0

李小孩儿 绘

有毛UMao团队 编

才怪！

人民邮电出版社

北京

**图书在版编目（CIP）数据**

养了猫，我就后悔了2.0 / 李小孩儿绘；有毛UMao
团队编. -- 北京 ：人民邮电出版社，2023.1
ISBN 978-7-115-60120-9

Ⅰ．①养… Ⅱ．①李… ②有… Ⅲ．①猫—儿童读物
Ⅳ．①Q959.838-49

中国版本图书馆CIP数据核字(2022)第215012号

## 内 容 提 要

本书是《养了猫，我就后悔了》的续作。全书共3章，以风趣幽默、可爱十足的漫画形式，叙述了猫主人李小孩儿和她的小猫咪之间的故事，还原养猫人的爆笑生活，同时将与小猫咪有关的知识融入其中。漫画独立成篇，每一篇故事都精简有趣。

相较于前作，本书内容更加丰富，增加了有毛专栏和插画作品。阅读本书，你可以一边大笑一边加深对小猫咪的了解，并且被猫主人与小猫咪之间的深厚感情所打动。

本书适合所有小猫咪爱好者阅读。

◆ 绘　　　　李小孩儿
　　编　　　　有毛 UMao 团队
　　责任编辑　魏夏莹
　　责任印制　周昇亮

◆ 人民邮电出版社出版发行　　北京市丰台区成寿寺路 11 号
　　邮编　100164　　电子邮件　315@ptpress.com.cn
　　网址　https://www.ptpress.com.cn
　　北京捷迅佳彩印刷有限公司印刷

◆ 开本：700×1000　1/16
　　印张：12　　　　　　　　　　2023 年 1 月第 1 版
　　字数：307 千字　　　　　　　2024 年 11 月北京第 6 次印刷

定价：69.80 元

读者服务热线：(010)81055296　印装质量热线：(010)81055316
反盗版热线：(010)81055315
广告经营许可证：京东市监广登字 20170147 号

**毛毛**

一只混血奶牛猫，男孩子，2岁，活泼好动，精力旺盛，傲娇又黏人，从来不会"喵喵"叫，经常欺负铲屎官。

**小葵**

赵大童的猫咪之一，是一只体重曾达到19.2斤（9.6公斤）的大橘猫，也是男孩子，最喜欢的是"吃吃吃"。

**干饭宝**

短毛小橘猫，男孩子，是毛毛的好朋友。

**李小孩儿**

有"社交恐惧症"的铲屎官，喜欢世界上所有猫科动物。虽然养猫有一段时间了，但还是会遇到各种问题。

**赵大童**

李小孩儿的朋友，十余年老"猫奴"，美食爱好者，经常帮助李小孩儿应对小猫咪的健康问题。

# 目录

## 第 2 章

### 养了猫才知道的"冷"知识

# 第 3 章

## 养了猫才知道
## 铲屎官的"快乐"

## 序章："绑架"代替购买真的靠谱吗

不知什么时候起，
**养猫界流行起了"绑架"代替购买。**

"绑架"代替购买！

好棒！

这简直是领养代替购买的升级版，
也可以说是**实操版**！

猫猫我有。

自己动手。

自己动手**"绑架"**小流浪猫
**真的可行吗？**
会遇到哪些阻力呢？

你们密谋犯罪。

啊？

首先，
"绑架"代替购买
**确实是可行的！**

你从别人那里领养来的小猫咪，
很多也都是先被"绑架"回去，
再进入领养程序的。
也有救助组织常年在做这种事情，
并且顺利送养了很多小猫咪。

小葵就是这样，不过它
是自己送上门的。

★ 怀疑是"碰瓷"。

但是，
千万别凭借着激情
乱"绑"一气。

冷静。

首先，
不是所有的小猫咪
都适合被"绑架"回家！

春天确实是
"绑架"小猫咪最好的季节之一，
但如果你在小区里看到小奶猫……

千万不可以直接抱走。

因为这些小奶猫并不一定是被遗弃的，
它们很可能是
流浪猫妈妈暂时放在这里的
还没断奶的小猫咪。

将这样的小猫咪带回家，
不仅猫妈妈着急，
也会有难以养活的问题。

正确的做法应该是——
远远地观察，
确定小奶猫失去了妈妈再将其带回家。

又或者连猫妈妈一起"绑"回家，

**大小一起救。**

那么，什么样的小猫咪更适合

**被"绑架"呢？**

**首先是亲人的流浪猫，**
主动"碰瓷"的当然更好。

这样的小猫咪多数是被抛弃的，

**没啥戒心，**
户外生存能力本身就很弱，
需要尽早救助。

其次是虽然对别人有戒心，

**但对你或对特定喂猫人亲近的小猫咪。**

这样的小猫咪，也能够经过**"猫德教育"，**
顺利融入家庭。

注意，
**千万别妄图"绑架"一些漂亮，**
但对人**很有戒心**的小猫咪！

这样的小猫咪
很可能
从小缺乏亲近人类的社会化训练，
并不一定
**"带回家养几天就好了"，**

**很有可能永远都不亲人……**

只有小奶猫才有被"绑架"的价值吗？
当然不是。

只"绑"小奶猫是不对的。

并不是从小养才亲。

事实上，
很多特别亲人、
**性格稳定的成年猫，**
更适合被"绑架"回家，
能更快成为伴侣动物。

★"绑架"拒绝年龄歧视，拒绝外貌歧视！

知道该"绑"谁了，
**还需要做哪些准备呢？**

第一，
"绑架"之前
**最好就能确定有人接手，**
否则就要做好找到长期**"中转站"**，
也就是**寄养家庭**的准备。

呃……我想先
"绑"回去。

确定你能养吗？

第二，
"绑架"前
**要和其他喂猫的人做好沟通，**
**要征得大家同意，**
别被误解为坏人。

我不是！我没有！

有人偷猫！

第三，
"绑架"时，
**要提前准备好工具，**
千万别两手空空就想把猫带走，
最起码要有食物和运输工具。

★可能也会用到一些专业工具。

**第四，**
也是最重要的，
你要明白，
接下来你需要花很多
**钱和时间。**

因为带流浪猫回家
并不是给口饭吃就行，
你需要面对接下来它的
**驱虫、绝育、免疫**等基本问题。

还可能因为
这只流浪猫的其他外伤或疾病，
**花更多的钱救治它。**

然后经过**补充营养、居家调理，**
小流浪猫才能在被你"绑架"之后
**重获新生，**
成为一只幸福的小猫咪……

这些还只是
**"绑架"代替购买的基础，**
以后可能——

所以，
**现在你做好准备了吗？**
当一个合格的"绑架犯"，
给小流浪猫一个家。

如果真的准备好了，
那就放心大胆、
**勇往直前地去吧！**
不过要记得，
跟家里的"原住民"提前沟通好呀。

第 **1** 章

我们为什么
需要小猫咪

## 01 小猫咪取名宝典

首先毛毛讨论个
**所有铲屎官都必须面对的话题，**
那就是：
**给小猫咪起名字！**

关于这个话题，
毛毛特别总结了近几年铲屎官的
**各种起名套路。**

看过之后你就会发现，
**人类这些家伙，**
在给小猫咪起名字这件事儿上，
到底有多走（随）心（便）。

起名我们是认真的。

---

### 套路 1

大小 + 数字 + 颜色。

举几个例子。
**如果是黑猫，**
很可能被随随便便叫作：

大黑、小黑、
小……二……黑。

以此类推，还可以有：
大黄、小黄、大白、二白、
大花、小花、
大橘、大大橘、大大大橘……

此起名法优点非常明显：一个公式千万种组合，特别适合在时间紧、任务重的情况下使用。缺点则是：非常容易被别人猜中名字。

咪嗷！
至少没叫大橘橘呀！

小葵 →　　　← 赵大童

小葵：心里没点儿数吗？

符合小猫咪特征的
**简单叠字法。**

这个方法也很好理解。
长得**可爱的就叫：**

甜甜、美美、宝宝、
贝贝、可可、爱爱、花花、朵朵。

身上有**花纹**的可以叫：

斑斑、点点、条条、
豆豆……

身材**略微圆润**的叫：

团团、圆圆、胖胖、
壮壮……

网红猫 MARU 这个名字的
日文含义就是"团团"。

不过有些**名字起得太形象，**
猫似乎也会向着这个方向成长。

比如：

闹闹、笨笨、团团、
丢丢、憨憨……

所以有些猫的名字……

得益于我国博大精深的饮食文化：
**食物起名法。**

据不完全统计，
**以食物作为名字的小猫咪**
占比可达到
*30%~40%。*

一个在动物医院工作的朋友吐槽说，
**她在前台喊小猫咪就诊的时候，**
感觉就像是
**在点菜：**

排骨、蒸饺、小南瓜，
请到一号诊室就诊……

粉丝、布丁、汤圆，
请到二号诊室……

突然有点儿饿了……

而且，
**仅仅从小猫咪的名字中**
你就能看出主人对某些食物的偏爱。

有主食系的：

包子、饺子、馄饨、
发糕、葱油饼……

包子：你解释解释我们哪儿像？

有肉食系的：

香肠、卤肉、鸡腿、
鱼丸、红烧肉……

Chicken

鸡腿：你眼神有点儿怪怪的……

水果系的也不少：

杧果、橘子、苹果、
西瓜、山竹、火龙果……

零食、甜品、饮料也没落下：

肉松、奶酪、蛋挞、薯片、
奶茶、冰可乐……

奶茶：我看你是放弃管理体重了。

**地方小吃轮番上场：**

豆汁儿、火锅、螺蛳粉、
大麻花、江米条……

螺蛳粉：我俩只能留一个……

用食物起名字，
优势自然在于**取之不尽，用之不竭**……
但大晚上喊小猫咪的名字，
会不知不觉地感受到食物的**召唤**。

芋泥、波波、奶茶，
吃小鱼干了。

## 套路 4

明明是猫，
**非要用别的动物起名：**
大老虎、小狮子、
猴子、狐狸、猪猪……

嗷呜……

我觉得没毛病。

## 套路 5

还有些寄托了主人对生活
**最美好、直接的愿望：**
旺财、来福、银子、
支付宝、税后五千万……

## 套路 6

有些名字和人名的区别
**只差张身份证了：**
李胜利、赵铁柱、
张美丽、王建国……

你们认真过头了。

但起名用力过猛的后遗症就是：
**带小猫咪看病的时候总免不了遭到白眼。**

说了多少遍！填猫的名字，不是你的！

这个……

李有毛

当然还有很多人用**英文或数字**给小猫咪起名字。
有人还把起名权交给了**人工智能**。
总之每个名字都有自己的故事……

在我国还有这样一个名字
无法被忽略。

99% 的小猫咪都会做出反应，
100% 的"猫奴"都对这个名字如数家珍，
它就是大名鼎鼎、
如雷贯耳的——

至于为什么
**猫都叫咪咪，**
我认认真真做了功课。

首先，
"咪"是模仿猫咪叫声的象声词。

咪，mī，象声词，形容猫叫声或唤猫等。
图自 百度释义

可以理解为和"喵"基本上是一个意思。
**因此当你发出"咪咪"的声音时，**

猫以为你在和它交流，
所以大多数小猫咪都会有反应。

咪咪们：你找哪个咪咪？

而且，
**"咪咪"属于上扬音，**
读起来音调比较高，

**更容易唤起小猫咪的注意……**

毛毛：你走吧，我妈不让我跟你玩。

另外，我国很多早期文学作品中，
**猫都叫"咪咪"。**
因此形成了刻板印象。

作家张爱玲在她的小说《小艾》（1951 年）
中就把猫唤作**咪咪**。

文豪冰心先生的猫也叫**咪咪**，
也在作品中出现过。

因此，
"咪咪"可不是平平无奇的称呼，
而是**文豪们起的好名字**，
地位至今毋庸置疑。

而且，和狗的名字相比，
"咪咪"这个名字可是
**"殿堂级"**的，
毕竟，它们拥有的只是：

最后必须强调的是：
无论你最后锁定了哪个名字，
**能召唤到"主子"的那个**
才是真正的好名字哟！

干饭宝：劝你重新取个名吧！

# 被小猫咪当宝宝是一种什么体验

虽然铲屎官一直以
**养猫人自居，**

但在小猫咪眼里，
恐怕……
**谁养了谁还不一定呢。**

看完这篇文章，
**你可能会发现，**
原来我们……
**一直是被小猫咪照顾的。**

以下 6 种行为
**表明是小猫咪在养你！**

突然有种不祥的预感。

## 套路1
## 帮你舔毛

在小猫咪的世界，
**都是地位比较高的猫**
给地位较低的猫舔毛。

舔

所以，舔毛代表着：
**我允许你效忠于我。**

舔

## 套路2
## 一直跟着你，
## 包括你上厕所、洗澡。

为了保护你，
小猫咪必须随时关注你的动向，
**以免你陷入危险。**

毛。

马赛克

所以，你一个人待在奇怪的地方，
真是太让小猫咪操心了。

呜呜呜……没淹死，真是太好了。

### 睡在你旁边

首先，小猫咪和你睡在一起，
是关系亲密的表现。

而有些小猫咪不但和你睡在一起，
**还随时观察你身边的动向，
完全就是在保护你。**

总之作为"家长"，
小猫咪就连**睡觉都要担心**
**你是不是还活着。**

还活着吗？

### 带"礼物"给你

人类真是太笨了，
**每天出门也没带猎物回来，**
只好我来养你！

小猫咪带猎物给你的原因
比较复杂，除了上面说的，
还有家里就是猫的领地，
它只是带回来储存而已。
另外，小猫咪把猎物带回
来给你看，也有想得到你
的表扬的意思。

因此，请铲屎官**妥善处理**这些猎物，
**不要让猫"家长"伤心。**

多吃点，就不秃了！

### 不埋屎

有时家中地位高的小猫咪，
**也会通过故意不埋屎来宣告：
这是我的地盘。**

小猫咪不埋屎的原因比较复杂，社会化不足、
疾病、猫砂盆和猫砂不符合要求等都可能是
它不埋屎的原因，铲屎官需要仔细排查原因。

被小猫咪当宝宝是一种什么体验 **023**

> 我家宝宝哪儿都好，就是喜欢玩大便。

## 套路 6
## 检查家中每样东西

为了领地的安全，
小猫咪会对进门的每样东西，
进行"安检"。

> 毛。

滴——带包的人类请接受"安检"。

而且"安检"不合格的东西
**决不允许你吃。**

> 这是"屎"，不能吃！

> 我的螺蛳粉……

总之，

> 毛。

小猫咪
**真是为这个家付出了太多，**
而我们却对此一无所知。

> 回来就知道玩手机！

所以，
看到最后，你了解自己
**真实的身份了吗？**

> 毛。

工具人　　仆人

请选择。

## 03 养了猫，你会和小猫咪越来越像吗

你有没有发现，
**小猫咪和铲屎官**似乎也有
**"亲子脸"**。

而且，
就连**行为和气质 / 身材**都有
**越来越像的趋势**。

有的甚至可以说是
**一模一样**。

小猫咪会和铲屎官越来越像？
这是**都市传说**
还是**有科学论证的事实？**

**一起来看答案！**

首先，从长相上来说，
有专家已经证实
**"亲子脸"**确实存在。

其实，
人类在最初选择小猫咪时，
就会在潜意识里选择
**"最顺眼的那一只"**。

换句话说就是——

选择和自己最相像的那只。

所以，
养猫这件事也不能免俗地遵从了
"不是一家人，不进一家门"
的道理。

不仅如此，人们还发现，
**铲屎官的性格**
与猫的**性格**甚至**健康**之间
也有着有趣的联系。

性格**友善随和**的主人，
小猫咪的个性也往往
**更加友好亲人。**

主人**太宅且没什么社交**，
小猫咪似乎也
**害怕见到陌生人。**

如果小猫咪在出生后 2~9 周社会化时期没有见过
其他人类，长大后怕人的概率会增加。

而主人**情绪波动较大**，
甚至**焦虑、暴躁**，
小猫咪的性格也会受到影响，

变得比较
**焦虑、胆小，**

甚至
**具有攻击性。**

如果
铲屎官的**不良情绪**长期施加给小猫咪，
还可能会让它患上
**与压力相关的疾病。**

所以铲屎官也要好好调整自己的情绪呀。

除此以外，
**在生活方式上，**
铲屎官和小猫咪之间似乎也存在着。
**趋同效应。**

最普遍的就是，
除了"偶尔"
**半夜不睡、凌晨叫早，**

毛呜毛呜。

很多小猫咪的作息
**都会尽量调整以配合主人。**

| 睡觉 | 上班or独自玩耍 | 互动时间 |
|---|---|---|

另外，
人们还发现，
不爱运动且喜欢美食的
**铲屎官，**

?

大概率也拥有
**一只比较胖的小猫咪。**

行为学家甚至发现，
有些小猫咪**还会模仿主人**的行为。
比如，
**在你半夜打开冰箱觅食**的时候……

所以 在身材上，
**各位好自为之……**

总之，
诸多证据已经证明，
**铲屎官和小猫咪**
从**长相**到**性格**再到**生活方式**，

都会越来越像。

是的，也包括睡姿。

以至于最终会到
**表情也一模一样的地步。**

只是，
**到底是谁随了谁**
**还无法确认……**

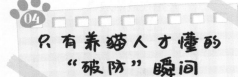

## 只有养猫人才懂的 "破防" 瞬间

养猫这么久,
小猫咪做过哪些事
**让你瞬间"破防"呢?**

有些时候,
那种
**"天哪,我是被上天选中的人"**
的极致幸福的感觉,
可能只有养猫人才懂。

### "破防"瞬间
### 1

小猫咪
**抱着你的胳膊睡着了,**

呼噜

呼噜

啊,手好酸。

当你想偷偷抽出手时,

轻轻抬起

偷偷抽出

啊!还是醒了吗?

结果小猫咪却……

## 紧紧抱住

这手我不要了,给你抱一辈子!

### "破防"瞬间
### 2

和朋友一起出门,
**在路边看到一只小猫咪。**

软!

然后它竟然径直走过来，

选择了和你……

# 爱的"贴贴"

## "破防"瞬间
## 3

冬天，手脚冰凉的人
看着身边
**热乎乎、软绵绵**的小猫咪，

开始在危险边缘
疯狂试探……

毛毛：你这是在挑战我吗？

毛毛：算了，醒了再揍你。

## "破防"瞬间
## 4

当你出门旅行，
**从监控里看着小猫咪**
并叫了它们的名字时，

结果看到这样的画面——

## 隔空示爱

小葵：你上哪儿去了？小鱼干放哪儿了，赶紧告诉我！

于是，
你恨不得旅行马上结束，
回到"主子"身边。

## "破防"瞬间
### —— 5 ——

平时在家
从来不给好脸色的"主子"，

结果去了医院就……

主动

## 投怀 送抱

一头扎进

## "破防"瞬间
### —— 6 ——

日常铲屎时偶尔也能

收获一份惊喜！

## 心形 尿团

## "破防"瞬间 —7—

还有那些加班到深夜的日子,

打开门的那一刻
**却总能看到……**

小猫咪 的笑容

小猫咪能轻易识别主人的脚步声。

其实有你们的日子,
"破防"的瞬间又岂止这些。

和你们在一起的
**每一天、每一刻,**

**都是难以忘怀的——**

出门不小心把猫厕所那屋
的门锁上的李小孩儿。

**幸福时刻啊!**

# 05

# 那些养猫的人，身体结构正在发生巨大变化

我们经过深入调查发现，
有些养猫人
**看起来平平无奇，**

实际上，
**身体结构正在悄悄发生变化，**

而且会随着时间的推移
**越来越明显。**

今天 我们就一起来看看
**养猫人特殊的身体结构。**

不养猫的人

养猫人

## 套路 1
## 腿部结构

**不养猫的人的腿：直的。**

**养猫人的腿：弯了。**

O 形

据专业人士分析，
**这个变化大多在晚上**
悄然形成。

骑马蹲裆式睡姿。

## 套路 2
# 脚部结构

不养猫的人的脚　　养猫人的脚

因为，
**当养猫人坐下时，**

往往会有这样的条件反射——

不过，
也有些身高**条件优越的铲屎官**表示，
这根本没必要。

身高 170 厘米，大长腿。　　身高 155 厘米，小短腿。

## 套路 3
# 手臂结构

别问原因，问就是：
**胳膊还是那双胳膊，**
它们只是——

搬砂运粮

看病搬家。

**为这个家承担了太多！**

（以后请叫我"金刚芭比孩儿"）

## 套路 4
## 身体结构

不养猫的人的身体 · 养猫人的"金钟罩铁布衫"

每日苦练
**必获"金刚不坏之身"。**

九"印"白骨爪

泰山压顶

当然，"功力"大小
由小猫咪的**体重**和**运动量**决定。

胸口碎大石

噗——

小葵，体重峰值 19.2 斤（9.6 公斤）。

## 套路 5
## 眼部结构

不养猫的人的眼睛：
**人类面部识别功能。**

看！那不是谁家那谁吗？

那谁？谁家的？在哪儿？

← 近视＋脸盲

养猫人的眼睛：
**小猫咪面部识别功能。**

哪儿呢？你怎么知道是公的？

那边有一只猫，橘色的，嘴上有蝴蝶斑，公的！

此时 500 米开外

咪？

那些养猫的人，身体结构正在发生巨大变化　**035**

总之，自从养了猫，

**他们走哪儿都会开启自动搜猫模式。**

不过有时候也会"翻车"……

没戴眼镜就下楼倒垃圾的结果。

## 套路 6
## 内部结构

这种变化还**不仅仅停留在表面，**

就连**内部结构**也

变得那么……奇怪。

不养猫的人的内部结构

李小孩儿眼中的养猫人的内部结构

总之，调查表明，

大部分人养猫后

都会经历**身体改造，**

**都会从内而外地彻底沦为"工具人"。**

不养猫的人的大脑

李小孩儿眼中的养猫人的大脑

看到最后，

**你的身体还好吗？**

# 06

# 养了就会"牢底坐穿"的8种小猫咪

小猫咪族群庞大，
野生猫科动物有 **40 种**之多。
在铲屎官眼里，
**它们都是小可爱。**

又萌又飒。

不过
**需要注意的是，**

别做白日梦了！

虽然有些野生猫科动物看起来
**和家猫差不多，**
但是一旦养了就会……

# "牢底坐穿"！

冤枉啊！
我就想了一下。

现在就一起来看看这些
特别有"判头"的
**"牢底坐穿兽"**吧。

最后一个最有"判头"。

## 1号"判头"
### 锈斑猫

它们住在印度半岛和斯里兰卡的雨林中，
被当地人视为**大熊猫**般的存在，
所以判几年心里有数了吧。

同时它
**体型非常小，**
还没有成年家猫的一半大。

1.5 千克

请按比例猜测

*体长 35~48 厘米（不算尾巴），体重 0.8~1.6 千克。

## 2 号 "判头"
### 黑足猫

它同样身材娇小，平均体重 2 千克，
长相也十分 可爱，
生活在非洲的纳米比亚、博茨瓦纳
及津巴布韦等国家。

但它却是世界上
**最凶猛的猫科动物之一。**
它们一晚上可以徒步 32 千米捕猎，
捕获成功率高达 **60%**。

★ 东北虎捕猎的成功率只有 10%
（但和猎物与环境有关）。

## 3 号 "判头"
### 沙漠猫

它也是小型猫科动物，
**有一双萌萌的大耳朵。**
凭借敏锐的听觉，它能捕捉沙中的猎物。

据说还是玲娜贝儿的原型。

它们生活在北非、西南和中亚沙漠中，
坐拥地球上最大的
**天然 "猫砂盆"。**

## 4 号 "判头"
### 豹猫

它可以说是和家猫最相似的
野生猫科动物，
**孟加拉豹猫就有它的基因。**

它也经常被人误认为是
**普通小猫咪。**
实际上它属于国家二级保护动物，
**是很容易 "碰瓷" 人类的 "牢底坐穿兽"。**

## 5 号 "判头"
### 薮猫

它们生活在非洲西部、中部和东部的大草原上，
身形瘦长，像只迷你猎豹。
**曾经风靡一时的萨凡纳猫，**
就是薮猫和家猫的杂交猫种。

它拥有纤细的四肢和大大的耳朵，
**是猫科动物中四肢非常修长的品种。**

＊肩高可达到 53 厘米，天生大长腿。

## 6 号 "判头"
### 狞猫

它就是众所周知的那个
**"双马尾兽"。**

＊主要分布在非洲、西亚、南亚西北部。

它的业务能力不受 "发型" 影响，
**直立跳跃可达 3.7 米高！**
因为性格比较温和，
它曾在伊朗和印度被当作猎猫，
用于捕鸟。

＊当然现在不允许饲养。

## 7 号 "判头"
### 猞猁

它生活在北温带寒冷地区，
**是世界上最大的 "猫"。**

（猫科猞猁属）

＊猞猁有很多种类，上图所示为加拿大猞猁。

它有兔子一样的短尾巴、特别长的后腿，

**和厚实的脚毛，**

在雪地里行走就像穿了雪地靴，

**保暖又防滑。**

## 8号"判头" 兔狲

据说兔狲在地球上存在了 500 万年，

**属于大器晚成型的"猫"。**

兔狲在突厥语中叫"dursun"，

**是"站住"的意思。**

传说猎人如果在远处看见它们并喊"兔狲"，

它们就会马上站住，因此得名。

它虽然看起来又肥又圆，

实际上体型和家猫差不多，

**并没有比普通家猫更胖，**

**只是毛非常蓬松。**

★兔狲身长为 46~65 厘米，体重为 2.5~4.5 公斤。

与别的猫科动物靠颜值出名不同，

**兔狲是靠搞笑实力。**

如果表情包有版权，

**可能它靠收版权金就可以成为富豪吧。**

凑够几个就出表情包哈，知道你们会催。

最后提醒大家，
上面介绍的这些猫科动物，
**只属于大自然。**
因此，再可爱也不能养。

总之，
**没有买卖就没有伤害。**

最后，是这次的幕后花絮——

本来想画小猫咪过瘾，结果累瘫的李小孩儿。

## 07 养猫后，只有"狠人"才能做到的10件事

养猫后
能做到下面这 10 件事的，
绝对是个"狠人"。

现在就来看看
你够不够"狠"。

### 第 1 件

当小猫咪刚拉了大便，

一分钟都不耽误
马上就铲。

计时 30 秒。

### 第 2 件

小猫咪水碗里的水
脏了一点点或超过 12 个小时，

不但马上换水，
还把水碗从里到外洗干净。

## 第 3 件

不论家里养了几只猫，

出门时
也不让衣服上有猫毛。

## 第 4 件

小猫咪只要一叫早，

早上 5 点。

马上起床
给"孩子们"做早饭。

## 第 5 件

半夜无论小猫咪如何跑，

*有些猫的叫声像
在叫"老吴"。

也可以睡得很香。

## 第 6 件

无论护肤品、手机
还是其他家当，

都放在桌子角，
**一点儿也不害怕。**

## 第 7 件

水杯没有盖儿，有盖儿也不盖，
**喝完放下就走。**

回来
**拿起来就……**

咕咕咕……

毛！

## 第 8 件

拍了无数张小猫咪的照片，
**不管多可爱，**

10 连拍

绝对
**不发朋友圈。**

忍住　不发

毛。

## 第 9 件

外面的小猫咪
**再可爱再主动，**

这……顶不住。

也坚决不会摸。

## 第 10 件

亲小猫咪的时候，
只要它们表示出一点点不愿意，

绝不强求一秒。

怎么样，以上 10 件事你做到了几件？

肯定做不到 10 件，

假眉毛

至少，最后一件不行。

# 这才是小猫咪的正确使用方法

养猫多日，
**用猫却好像……**
**一时一刻也没有。**

> 养你有啥用？

养猫真的没用吗？
**不！小猫咪这么可爱，**
怎么可能没用！

一定是铲屎官的**使用方式**不对！
现在就赶紧来看看，
**你的小猫咪用对了吗？**

以下才是
**小猫咪的正确使用方式。**
（不是）

*免责声明：本说明书仅供参考，请依据"个猫"情*
*况使用，如果发生故障，恕不负责……*

---

## 1

当你"不幸"成为小猫咪的
**"坐垫"**时，

> 好重……

可开启
**猫体手机支架功能……**

> 不过高度正合适。
> 毛……

并且
**功能强大、用法多样。**

*★功能和使用时间，因猫（心情）而异。*

## 2

当家里闯进可怕的
**虫子时，**

请充分利用小猫咪的
**动态物体捕捉功能……**

不过为了
**小猫咪的健康**
（铲屎官的心脏），

抓抓就好，吃就……

＊虫子其实是不错的动物蛋白，只是……

## 3

当你刷手机
**无法靠自己的意志力停下来时，**

大多数小猫咪会自动开启
**屏幕使用时间过长提醒功能。**

更优秀的是，
**如果铲屎官没有按照提示操作，
小猫咪还可以开启强制戒断功能。**

## 4

当来例假，
**喝热水毫无用处时，**

请尽情使用小猫咪的
**生物加热及声波舒缓功能。**

*猫的体温比人类略高，而且呼噜声
据说可以安抚情绪。

当然，
**冬天总是手脚冰凉的铲屎官，**
也可以使用小猫咪的加热功能。

## 5

当一个人装电脑线
**分身乏术时，**

如果你弄出的动静
**引起了小猫咪的注意，**
就可以得到——

一个毛茸茸的
**"捞线专业技师"！**

*持证上岗，猫龄 2 年，专业捞线技师……

## 6

当你担心闹钟叫早无效、
上班迟到时，

请使用
小猫咪叫早功能，

**语音型**

**地震型**

**压力型**

绝对不会让你失望。

才四点好吗？

*叫得挺好，下次不要再叫了……

## 7

如果你正面临
"生命危险"，
例如不小心弄坏了室友
新买的平板电脑时……

万不得已，
可以开启小猫咪的
终极"背锅"功能。

毕竟小猫咪这么可爱，
只能选择原谅啊……

\* 不过危险过去后，还是要主动承认错误，并给
背锅猫发小鱼干补偿，以维护主仆关系。

**8**

最后
当你心情低落、
整个人都很沮丧时，

当你觉得自己再也
**无法坚持时，**

请放下一切，

尽情使用……

小猫咪的
**超强治愈功能。**

所以，
你的小猫咪用对了吗？

## 十二生肖里为什么没有猫

每到跨年的时候
**都很开心！**

> 快到春节了！

不过，

> 红包准备好了吗？
>
> 毛毛咋看着不开心？

有些小家伙却高兴不起来。

> 呜……

我给大家翻译一下
毛毛说的是——

**为啥今年又不是猫年？
十二生肖里
为啥没猫？**

这个问题……
相信很多人小时候也**思考过，**

> 我也思考过。

毕竟——
**谁不想属可爱的小猫咪呢？**

> 这孩子属啥的？
>
> 属猫。

★李小小孩儿

长大后，
对这个问题，
我也进行过深入研究，
还真让我总结出了关于
**十二生肖里为什么没有猫
的几种猜想！**

## 猜想一
**>> 猫迟到了 <<**

当然不是网传的那个
猫"应聘生肖"时
被鼠骗了结果迟到的民间故事。

*鼠：有我啥事儿？

我国最早出现完整的
**十二生肖文献资料的**
是东汉王充的《论衡·物势篇》，
那时的十二生肖
基本与现今的版本一致。

*王充：我不是，我没有……

但实际上，
关于十二生肖的**最早的记录**
**来自先秦的出土文物，**
只是那时候的生肖
**和现在不完全一致。**

秦墓中出土的**睡虎地秦简**中，
就多出了**鹿**这一生肖，

少了**龙**和**犬**。

不过，虽然十二生肖经历过好几次变动，
**但不管怎么变，都没有过猫。**

*热闹是你们的，没有我……

现在想想，
很有可能因为那时候**猫**
**在我国不常见！**

众所周知，猫是外来物种
（不是入侵物种，两者差别很大）。

直到**唐朝**，
猫才逐渐进入人们家庭。
在那之前，
**甚至在汉代的陶俑中，**
**都没有出现猫。**

> 也不是谁都养得起小猫咪的！

> ……

所以也许是因为这样，
十二生肖里才没有猫吧……

> 关于我们的文字记录，
> 西周就有了！

> 那龙怎么说？

猜想二
**>> 外国人带偏了 <<**

其实，
不止我国有十二生肖。
世界上，最早关于动物纪年法的记录，
应该承继于**古巴比伦**，
那时，他们是有猫的，
而传到**古埃及**时，
他们的十二生肖里当然也有猫啦。

> 我们都爱小猫咪。

但传到**古希腊**和**古印度**时，
就没有猫了！

> 我们跟你们，不一样！

*有兴趣可以了解其他古国的十二生肖。

尤其是**古希腊**，
很可能就是他们把猫换成鼠的！

那么，
如果中国的十二生肖
真的是从**其他文明古国**传过来的，
**没有猫就不意外了**……

猜想三
**>> 决赛被淘汰了 <<**

其实，
猫在我国很可能是入选过十二生肖的。
因为有人认为，
古人选择十二生肖
会参考与之匹配的十二时辰，

选择的**十二种动物**
代表着这种动物活跃的对应时间。
比如老鼠排第一，
就是因为古人认为
**夜晚子时**是老鼠活跃的时刻。

所以是子鼠。

而猫咪最活跃的时间应该是
**凌晨 3 点～5 点**。
日夜交替的黎明之时，
正是**猫科动物**起床捕猎、
**最为活跃之时**。

但猫科动物
**可不止小猫咪止一种**，
所以
**小猫咪很可能是被老虎替下来了！**

*寅时就位。

毕竟，同是猫科动物，
**大老虎看起来威猛多了。**

其实，都是猫科动物，
**老虎出息猫也增光啊！**

而且，
**现在有些国家的十二生肖里有猫！**
比如——

*越南的十二生肖有猫没兔。

又或者……
**不管别人怎么想，**
现实又是怎么规定的，
在虎年里，
我们宣布：

*小老虎对不起了。

毕竟，
虽然我们也喜欢其他动物，
**但铲屎官肯定还是最偏爱小猫咪呀。**

如果这还不能安抚小猫咪……
那就每年都当**"猫年"**过，
**还要给足小猫咪
过年仪式感！**

**如果猫有 9 条命**

地球上，

嗖
嗖

一个普通的晚上，

唰
唰

一个普通的人类，

以一种不太普通的方式，

"挂了"。

于是，
一个关于猫的秘密，

终于藏不住了。

No.1

**生命重启装置**
*限9次*，可随机开启新的生命旅程。
**一旦按下无法撤销。**
"喵星球"总部制造

我们今天的故事就是——

按

No.2

**如果**
**猫有 9 条命。**

生命重启至：

## 10000 年前。

最早的家猫，在至少 10000 年前就陪伴在人类身边了。

"错了……重来！"

生命重启至：

## 古埃及时代。

猫是太阳神拉的守护者，是欢愉女神贝斯特的化身，享受人类的顶礼膜拜。

"错了……重来！"

生命重启至：

## 中世纪欧洲。

13 世纪的欧洲，猫被诬陷为恶魔的宠物，同时期被诬陷的小动物还有青蛙、刺猬、螃蟹，甚至是鸭子……

"错了……重来！"

生命重启至：

## 大航海时代。

当时探索世界的船上都有猫，猫能保护船只免受老鼠的啃食并保护珍贵的粮食。

"错了……重来！"

生命重启至：

## 明朝嘉靖年间。

明朝嘉靖皇帝沉迷养猫，还在宫里创办了"猫儿房"，照顾猫的起居。

"错了……重来！"

生命重启至：

## 薛定谔实验室。

1935 年，物理学家薛定谔用一只装在盒子里"即死又生"的猫的思想实验，来解释复杂的量子物理状态。

只是思想实验，没有任何动物受到伤害。

"错了……重来！"

生命重启至：

## 不久的未来。

猫统治了地球，地球成了猫的游乐场。

"这儿不错……"

"但不是这里……重来！"

"这回终于……"

"回来了！"

还有 3 分钟。

只能这样了……

唉

于是，
李小孩儿回家就看到了这样
感人的一幕……

啊？！

为什么会这样？
你就这么讨厌我吗？

……

……

所以，

**如果
猫有 9 条命，**

它们恐怕早就花掉了前面 8 条，
只为了找到你……

# 小猫咪也古风·古代铲屎官养猫有多讲究

想不想知道
古人当起铲屎官来
**到底有多讲究？**

毛毛和李小孩儿这次
就带大家穿越时空，
**体验一下**
我们和古代铲屎官
**差距有多大。**

经费有限，演员、服装、化妆和道具
都是业余的，大家见谅。

比如，
**现代铲屎官**
会用
"喵星人" "主子" 小猫咪
来称呼猫这种生物。

小主请涮爪……

毛。

**古代铲屎官**
则用
狸奴 、 衔蝉 作为猫的别称 。

许地山先生的《猫乘》中说：
"狸是里居的兽，所以狸字从里。"
后来人们则多把家猫称作**狸奴。**

想不到你们也有为"奴"的日子。

干饭奴

毛毛奴

而"奴"字在此
**多是表达喜爱和宠溺。**

毛毛：你是不是入戏太深了？

而**衔蝉**
则相传为**唐代琼花公主家的猫。**

> 相传此猫通体雪白，唯上下唇间一
> 抹黑斑，远远看去，好似叼了只蝉，
> 因此得名。

好像叼了只蝉啊。

为啥不叫叼蝉？

后来因为太有名且捕鼠有功，
**衔蝉便成了猫的别称。**

再比如，**现代铲屎官**
想养猫，
可以**购买、领养** 或者
**"绑架"，**
总之就是——

小猫咪，来吧！

而**古代铲屎官**
想养猫不能**买**，只能**迎，**
还要**"买鱼穿柳""裹盐聘之"。**

太少了，我的
小葵吃不饱。

这是全部家当了。

基本上买猫类似于
**娶媳妇。**

北宋诗人黄庭坚"买鱼穿柳聘衔蝉"，陆游更是"裹盐迎得小狸奴"。

现代铲屎官

称呼**各种花色**的小猫咪，

只会用

**大橘**、**奶牛**、**挖煤的**、

**中华田园猫**……

而**古代铲屎官**

称呼**各种花色**的小猫咪为……

**做好准备，小心被美哭。**

以下花色分类均来自民间《相猫经》，清代著名"猫奴"——黄汉在《猫苑》中常引此书。

凡纯色的小猫咪，无论**黄**、**白**、**黑** 皆名：

其中纯**白色**的小猫咪也叫：

**全黑**的小猫咪又名：

全身橘色的小猫咪呼作：

金丝虎

橘色猫一般都和斑纹搭配，
古人也发现了这一点。

**玳瑁色**的小猫咪则称作：

滚地锦

**三花色**的小猫咪又名：

吼彩霞

**褐、黄、黑色**相间，
色褐而带金丝者，名：

金丝褐

相当于现在的狸花猫。

接下来是各种各样的
**奶牛猫。**

衔蝶

墨玉垂珠

银枪拖铁瓶

踏雪寻梅

乌云盖雪

金钱梅花

付印拖枪

鞭打绣球

将军挂印

雪里拖枪

当然还有**大橘猫和小橘猫**们。

金簪插银瓶

绣虎

金被银床

踏雪寻梅

你以为结束了？并没有。

还记得**现代铲屎官**给小猫咪起名字吗？

无非

**咪咪、毛毛、小葵、干饭宝**……

## 古代铲屎官

给小猫咪起名字的
例子挺多，举一个就够了。

唐代一人名张抟，好猫，"皆价值数金，
有七佳猫，皆有命名"，分别是：

东守　白凤　紫英　怯愤　锦带　云团　万贯

结果得到传承的，可能只有最后一个名字……

看到这里只想说：
"还是老祖宗厉害！"

扑　　通

那**古代铲屎官**怎么表达
**宅在家里逗猫的呢？**

这也可以吗？

这个问题只能请出**古代铲屎官**中的
**"撸猫躺平王者"**吟诗一首，
大家都学着点儿：

风卷江湖雨暗村，四山声作海涛翻。
溪柴火软蛮毡暖，我与狸奴不出门。
——陆游

果然，无论古代、现代，
铲屎官的理想都是
**一致的啊！**

# 小猫咪打呼噜的 7 个含义

**首先，**
### 小猫咪怎样发出呼噜声？

小猫咪的呼噜声，是假声带振动时，通过喉腔共鸣而发出的声响。而且有一个神奇的规律：会咆哮的"大猫们"不会打呼噜，例如狮子、老虎；而那些会打呼噜的"大猫们"也不会咆哮，例如猎豹。

原因是猫科动物声带里的那块小骨头，如果骨头比较柔软，就可以发出咆哮声，如果骨头比较硬，就只能在呼气和吸气时产生空气振动，发出呼噜声了。

下面就跟大家聊聊小猫咪打呼噜的 7 个含义。

## 第 1 个
### 代表开心满足

当小猫咪感到舒服、开心、放松以及表达喜爱之情的时候，就会发出呼噜声，特别是在吃饭和被主人温柔抚摸的时候。这也是它们打呼噜的常见原因，是在向铲屎官表达它强烈的满足感！

## 第 2 个
### 吸引猫妈妈注意

小奶猫在出生一周甚至几天时，就会发出呼噜声，这是向猫妈妈表达"我在这里，快来关注我"的意思。而吸吮乳汁时，小奶猫的呼噜声表示它喝奶喝得很开心。猫妈妈也会通过呼噜声来安抚小奶猫，表示一切安好。

所以呼噜声也是猫妈妈与小奶猫互相沟通的一种方式。这种习惯也会延续到它们长大，当被抚摸、希望被主人关注时，小猫咪就会发出呼噜声。

## 第 3 个
### 缓解紧张、焦虑、疼痛

当小猫咪害怕、受伤时也会发出呼噜声，特别是重病住院的时候，不少医生都观察到这种现象。它们通过打呼噜来缓解紧张和痛苦，进行自我治疗。

另一种情况就是感到压力过大、非常焦虑时，它们也会通过打呼噜来进行自我安抚、排解压力。所以当小猫咪在充满压力的情况下发出呼噜声时，主人应想办法减少它们的压力，不要视而不见。

## 第 4 个
### 促进伤口愈合

小猫咪打呼噜除了表达满足、开心，还有修复骨骼和肌肉的作用，又被称为"呼噜疗法"。研究表明，小猫咪在受伤后会通过打呼噜来缓解自己的疼痛感，通过振动来刺激自身的神经元，促使腺体分泌出减轻疼痛的激素。

## 第 5 个
### 示弱、讨好及乞食

呼噜声的另一个常见含义就是表示：能给我这个吗？这种充满魔力的声音通常表示它们对人类的示弱、讨好以及请求，例如求摸摸、求抱抱，更多的是求开饭！这在流浪猫身上尤其明显，大大的眼睛再配合上"脸颊蹭蹭攻击"，很少有人类能顶得住。

## 第 6 个
### 呼吸道问题

小猫咪的呼噜声大小会有不同，总的来说，只要没有伴随呼吸不畅就属于正常。但有时候它打呼噜可能真的是因为呼吸道出问题了，就像人类的打鼾一样。小猫咪打呼噜时如果伴随音调变化、咳嗽、打喷嚏、鼻涕、食欲下降等情况，就要多多观察、及时就医了。

一些扁脸短鼻品种，例如异国短毛猫、金吉拉猫，先天构造导致它们呼吸道问题多发，对这些小可爱的呼噜声，铲屎官们更要细心观察。

## 第 7 个
### 治愈人类

有科学研究证明，小猫咪的呼噜声不仅能治疗它们自己，还能治疗人类。小猫咪的呼噜声频率在20~140Hz，而在人类的治疗中，骨骼对振动的响应频率在25~50Hz，皮肤和软组织对振动的响应频率在100Hz左右，确实都在小猫咪呼噜声频率的范围内。除此之外，小猫咪的呼噜声对缓解人类呼吸困难症有效果，对肌肉、肌腱和韧带的损伤也有治疗作用，甚至能降低心脏病和中风的发病率。

神奇的呼噜声确实会让铲屎官快乐又平静，说不定，这也是小猫咪的一种神秘手段！

最后，小猫咪的呼噜声各不相同，也有一些小猫咪一生都不打呼噜，但这不意味着小猫咪没有感情或不爱铲屎官，只是每个小猫咪的表达方式不同罢了！

# 小猫咪可以吃哪些水果

夏天到了，随之而来的还有种类繁多的新鲜水果，不少小猫咪都对水果"下嘴"了。而作为食肉动物的小猫咪，**除了感受不到水果的甜味，其消化系统也无法正常消化水果。**

但为了解馋，小猫咪还是可以吃**一点点**（大概也就指甲盖那么大吧）水果。今天毛毛就跟大家聊聊小猫咪可以吃哪些水果。

## 第 1 种
### 夏天怎能错过的
### 西瓜

炎炎夏日里，西瓜不仅是铲屎官的最爱，也是不少小猫咪的心头好。小猫咪可以少吃补充水分，但西瓜籽、瓜皮对小猫咪有毒，吃了会引起腹泻。

### 毛毛小提示

文内提到的所有水果，都需要去皮、去核，只保留果肉，必要时可以将果肉弄碎或榨汁，防止小猫咪被噎住，也利于小猫咪快速吸收水分。

## 第 2 种
### 香蕉

香蕉对小猫咪无毒，并富含维生素（$B_6$、C）和钾等，但小猫咪吃得过多会腹泻、呕吐。

### 毛毛小提示

不建议小猫咪空腹食用水果，容易导致消化不良等情况，建议在进食后隔 1~2 个小时再让小猫咪食用少量水果。

## 第 3 种
### 草莓

虽然草莓富含维生素 C、叶酸、钾、锰以及抗氧化剂，但小猫咪不能大量食用。给小猫咪吃之前记得清洗干净。

## 第 4 种
### 蓝莓、蔓越莓等浆果

蓝莓、蔓越莓、黑莓、覆盆子这类浆果对小猫咪来说都是安全的，它们富含抗氧化剂、类黄酮和纤维，以及丰富的维生素（A、C、K、E）。但尽量切碎了再给小猫咪吃，防止其整粒吞下引起窒息。

## 第5种
### 苹果

苹果富含钙、维生素（C、K）和果胶，可将果肉切片、切块供小猫咪食用，但摄入过多会导致小猫咪消化不良。苹果种子含有氰化物，要注意不要让小猫咪误食。

### 毛毛小提示

几乎所有水果的核，都是不可以让小猫咪食用的，特别是很容易误食的苹果核、西瓜籽、樱桃核，这些都对小猫咪有毒。

## 第6种
### 杜果

杜果富含纤维、维生素（A、B6、C），但是跟不少铲屎官对杜果过敏一样，也有一些小猫咪会过敏。喂食杜果时避免接触小猫咪皮肤，多观察小猫咪是否有过敏反应。

### 毛毛小提示

如果小猫咪摄入少量可食用水果后，依旧消化不良，出现呕吐、腹泻等情况，说明该小猫咪不适吃水果，铲屎官以后就不要提供了。

## 第7种
### 菠萝

菠萝这种热带水果富含果糖、叶酸、维生素（A、B6、C）和矿物质（镁、钾），但其叶子、外皮对小猫咪刺激很大。不要给小猫咪玩耍整颗菠萝，如果小猫咪食用过量也会影响消化吸收，引起腹泻。

## 第8种
### 哈密瓜

哈密瓜是维生素 C、β- 胡萝卜素、纤维和抗氧化剂的良好来源，而且这种热量相对较低的水果普遍受小猫咪喜爱，因为哈密瓜的香味和肉类蛋白质类似。但同样要避免小猫咪接触种子和瓜皮。

## 第9种
### 榴莲

榴莲营养价值高，富含蛋白质、脂类、维生素、钙、铁、磷，同时其膳食纤维还能促进肠蠕动。虽然其气味让大部分小猫咪退避三舍，但总有一小部分小猫咪乐于尝试，铲屎官一定要控制好量哟。

### 毛毛还是要强调：

**所有水果对猫来说都没必要吃**，有些水果对小猫咪甚至还有毒，给它们吃水果一定要谨慎，尽量收好水果，不要让猫自取，要牢记猫是食肉动物，水果少吃怡情，多吃伤身！

第 **2** 章

养了猫才知道的
"冷"知识

# 拥有社交高手小猫咪是种什么体验

人类普遍认为
**小猫咪并不擅长社交,**
甚至大部分小猫咪都有
**"社交恐惧症"**（以下简称社恐）的倾向。

其实,
小猫咪中也有些
**耀眼的社交高手,**
也就是我们经常说的——

今天毛毛就来聊聊
小猫咪中的那些社交高手。
快来看看你家的小猫咪是
**社恐**还是**"社交高手"**。

如果
**家里来了陌生人,**

**社恐**小猫咪:
初次见面,给您表演个
**原地消失。**

**"社交高手"**小猫咪:
来就来吧,
**还带啥礼物。**

如果
**陌生人在家待了两个小时,**

**社恐**小猫咪:
别找我,
**我家没猫……**

"社交高手"小猫咪：
**全套按摩**
还满意吗？

如果
**家里来了别的猫，**

社恐小猫咪：
**你不要过来呀！**
我想静静……

"社交高手"小猫咪：
我家东西随便玩，
包括那只"两脚兽"。

如果
**去别的小猫咪家里玩，**

社恐小猫咪：
**妈！我要回家！**

"社交高手"小猫咪：
先借个厕所，
一会儿跟你玩。

如果
**去医院！**

**社恐**小猫咪:
我是谁? 我在哪儿?

"社交高手"小猫咪:
**护士姐姐,**
你喜欢小猫咪吗?

你家的小猫咪
**属于哪种类型呢?**

看到这里,
肯定有人会问:

想得到这样的小猫咪,
只有这两个途径!

### 第一
### 遗传

也就是说,
**爸爸妈妈是"社交高手"**的小猫咪,
成为"社交高手"的**概率**也会大很多!

甚至有科学家通过实验发现，
**猫爸爸对小猫咪的性格**
影响更大。

**而某些品种的猫，**
也是在性格上进行了着重的培育。

有些品种的猫性格上真的很像狗。

# 第二
# 关键时期社会化教育

小猫咪在出生后 2~9 周
是社会化教育的重要时期，
越往后越难。

在这个时期，
你要尽量跟小猫咪做下面这些事。

## 1. 亲密地抚摸。

让它们习惯接受人类肢体接触和抚摸，
起初可以只有几秒，时间逐渐增加，
最长不要超过 15 分钟。

## 2. 正确地玩耍。

每天 2~3 次，每次至少 10 分钟。
但一定不要用手和脚逗它，
以免养成坏习惯。

## 3. 正向地鼓励。

当小猫咪做了正确的事情时，要多鼓励。
如果它犯错不要大声呵斥，建立正向反射。

## 4 . 见识更多品种的生物。

如果希望小猫咪不怕陌生人，可以请朋友们来家里坐坐，但最好选择能正确和小猫咪接触的朋友，而且不要强迫小猫咪们 。

如果一切顺利，
你大概率就可以得到一只
**"社交高手"** 小猫咪啦！

但我们要说的是，
这并不意味着 **"社交高手"** 小猫咪
就比 **"社恐"** 小猫咪更优秀。

怂

 牛

## 良好的社会化教育
对小猫咪来说很重要。

**成为"社交高手"只是次要的，**
良好的社会化教育能让小猫咪
遇到陌生人和陌生环境时从容应对，
不容易产生**压力和应激反应**，
避免由此带来的**诸多健康问题**。

很多疾病都和压力有关。

最后还是要提醒大家，
有些小猫咪可能永远也不能成为
**社交高手，**
**但它们一样很可爱，**
而且需要更多的关爱和保护！

就像那些有
**"社交恐惧症"** 的人类一样。

求靠谱人类
**领养**

小猫咪

求"社交高手"人类
**领养**

社交恐惧人类

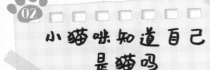

## 小猫咪知道自己是猫吗

虽然入职猫奴事务所
并工作了这么长时间，

但是，
当我们看到这样，

这样，

还有这样的画面时，

仍然会提出
这样的疑问：

这是猫干的事儿？

甚至不禁想问：
猫真的知道
**自己是猫吗？**

今天，
就让我们一起来解决这个
**大大的疑问。**

首先，
它们肯定对"猫"这个定义
**完全没有认知，**
毕竟，这是人类对物种的划分。

但它们能了解
**自己和人类**
**是完全不同的物种吗?**

我们先来看看
**猫是怎么认识自己的。**

动物行为学家普遍认为
出生后的 **2~7 周**是
小猫咪非常重要的**社会化**时期,
这个时期,
小猫咪会建立作为猫应该有的
**社会规范和认知。**

小猫咪一般是在和猫妈妈以及
兄弟姐妹相处时学会做猫的。

但如果在这个时期
**接触的是其他物种,**

小猫咪可能会学习它们的行为规范,
**甚至认为自己也是其中一员。**

除了保持自己物种的本能,
小猫咪也会**模仿**其他物种的**行为。**

如果从小接触的物种比较多,
**小猫咪长大后会更加包容。**

所以,如果你家小猫咪从小
**就没怎么和其他小猫咪接触过,**
它可能真的不知道……

自己是一只猫……

另外，
也有行为学家通过著名的**镜子测试**，
证明小猫咪无法认出镜子中的自己，
**从而没有自我认知。**

\* 奥尔巴尼大学的心理学家曾经做过一项名为"镜子测试"的研究，最后通过测试的只有：黑猩猩、大猩猩、海豚、虎鲸、部分大象以及喜鹊。

**但也有人并不同意这个结论，**
毕竟，**猫的视力并不好，**
对认知对象的判别还要同时依赖嗅觉，
而且它们大多数时间
**并不在乎人类的所谓实验。**

不过总的来说，
**小猫咪在自我认知方面的成绩**
确实不好。

但是，
小猫咪也没有傻到
**完全看不出人类和自己的区别。**

其中得到普遍认可的论点是：
**小猫咪觉得人类是**
**和它们差不多的物种，**
只是
**体型稍微大一点儿、**

← 155厘米

**毛少一点儿……**

**虽然有时候行为古怪，**

而且有点儿笨，

但大多数没有恶意，

并且
地位比自己低很多的——

两脚"仆人"。

而自己则是
**这个宇宙最可爱的**
**生物。**

**小猫咪是否知道自己是猫，**
我们可能永远不知道答案。

但我们
······

**是真的"奴"······**

# 小猫咪才没你想象的那么厉害

你说，小猫咪是不是特别棒？

嗯？哪里？

比如——

"食物链顶端" 夜里到处趴趴走
颜值高 捕猎天才
骨骼清奇 是"液体"
消化能力好 跳跃能力超强

更不要说在古埃及
还会像神一样被供奉。

是很厉害……

但是，真实的小猫咪很多时候
并没有你我想象中那么厉害。

请勿"捧杀"。

比如，
小猫咪的捕猎能力超强，

总冒出各种小猫咪勇斗毒蛇、赶跑熊的新闻。

其实是因为它们不知道危险。

心太大

无敌

自以为无敌的小猫咪。

如果真的把它置于危险的敌人面前，
结果很可能是……
一口一个。

小样，还不够我塞牙缝。

啪
啪

所以，一定不要带小猫咪去野外乱逛，
也不要把它置于有很多动物的复杂环境中哦！
野外探险露营之类的活动，不适合所有小猫咪。

比如，
有些人觉得小猫咪很聪明。

给它整条鱼就好，它会吃。

什么都能自己搞定。

其实，
它并不会真的像人一样挑鱼刺，
很可能被鱼刺卡住，
导致消化道受损，
**甚至死亡。**

一定不要给小猫咪吃有刺和骨头的鱼和肉。

你也许看过
**这样的新闻：**

**小猫咪不幸被关入货仓，**
一月不吃坚强存活。
或者：
**小奶猫被困管道，挣扎许久，最终获救。**

地铁，李小孩儿，看手机。

但实际上，
小猫咪 3 天不吃或少吃，
**就有可能患上脂肪肝。**

啊！你怎么
变黄了？

小猫咪如患脂肪肝多伴有黄疸症状。

一定保障小猫咪吃喝正常，尤其不要
让它节食减肥！

很多人还知道，
小猫咪攀爬能力很强。

但其因为骨骼构造的特点，
**上去容易下来难，**
对经验不足的小猫咪来说就是难上加难。

猫爪子和腕骨的构造只方便向上攀爬，向下时无法固定。所以大多数小猫咪选择倒退或跳下来……由于距离和方向都不好判断，所以小猫咪下来时非常笨拙。

而传说中的小猫咪从高处跳下会毫发无伤，
**更是无稽之谈。**
虽然小猫咪有翻正反射的能力，
但也保护力有限。

一定别放任小猫咪去爬树，更要注意封窗！

你还听说
**猫咪夜视能力很强？**

但那也要环境中有微弱光源，
**它们的眼睛才能看见，**
把它们置于完全无光的环境中，它们也看不见。

出门在外，
**还是留一盏小灯给它们。**
即使这样，
**它们的行动力多少还是会受限。**

老年猫视力退化，更要注意这个问题。

你还以为小猫咪
**独立、自信、冷静又疏离吗?**

其实很多小猫咪
**稍微被吓一下就会生病。**

严重的应激甚至会引发传腹。

就连和你分开太久,
**小猫咪也会出现行为问题。**

有些小猫咪甚至还会有分离焦虑。

经历了千万年的进化,
它们虽然
**聪明、大胆、美丽、矫健,**

**仍然有很多脆弱面,**
是没有你细心呵护就不行的小猫咪啊……

弱小、可怜又无助,但能干饭!

所以,
别再觉得小猫咪很厉害
**而忽视它们脆弱的一面了,**
一定要好好保护它们哦!

对它们来说,
**你比想象中更重要哟!**

## 抱猫怼墙就能测智商吗

最近网上有个很红的测试，
据说能马上
测出小猫咪的智商。

大致方法如下。

首先，
像这样抱起你的猫，

抱起

找一面墙，
把小猫咪这样慢慢正面怼上去。

紧张

如果小猫咪用脚撑住墙，
不让身体怼到墙上，

通 过

表示 **IQ 过关！**

如果一头怼上去
放弃反抗，

失 败

证明这猫智商低！

测试一经推出，
许多小猫咪都"自愿"参加了测试。

总之，据说结果是
智商高的猫和智商低的猫各一半。

高智商　　　　　　　　低智商

然而，
这个智商测试真的靠谱吗？

真相当然是……

? 　　　　　　　　 ?

最近就有专家指出，
**小猫咪这种用爪子扶墙的动作**

只是出于**身体反射**，
和**智商**无关。

所以这说明，
头撞墙的小猫咪
**不是傻，只是反应慢吗?**

反应快 反应慢

专家表示:
## 那也不一定!

很多看似傻傻地
**用头怼墙的小猫咪，**
其实是
**对铲屎官信任。**

这么说的话，
**智商配额似乎要重新分配……**

低智商　　　　　　　　　　高智商

但专家又表示，
## 这也不能确定。

每只小猫咪的性格不同，
有些小猫咪本来**警惕性就比较高，**
但并不代表
**就不信任铲屎官。**

总之，**怼墙法测小猫咪智商**
纯属娱乐，
**没啥参考价值。**

其实，像这种借**智商测试**的名义
**玩弄小猫咪的事件**
不止一件。

比如，
**10 秒袜子套头测试。**

具体做法：
**把尺寸合适的袜子（洗过的）
套在小猫咪头上，**
并在一旁观察，

**10 秒内**
小猫咪把袜子甩掉或摘掉的——

**智商王者；**

没摘下来还倒着走的——

**智商过低；**

没有反应、
**保持静止画面的——**

**智商负数。**

当然，
这个测试也基本和智商无关，
只是测试了
**小猫咪的反应能力和性格，**
操作不当容易引发危险。
（胆小的小猫咪更不建议使用）

毛毛：袜子怎么洗的？

再比如，
**抱猫蹬腿测试。**

具体做法：
**把小猫咪这样抱起来
静静等一下，**

**懂得把脚抬起来**
挣扎脱身的——

抬起

**智商过关；**

**全身放松没反应的——**

放松　　　　放松

**智商负数。**

当然，
这个测试同样和**智商**无关，
顶多能测试小猫咪的**忍耐能力**。

毕竟
大多数小猫咪都
**不喜欢被抱起来，**
更不要说这种抱猫姿势完全是错的。

正确　　示范

不过，
测智商可能无效，
**但测体重却……**

纹丝　　不动

**效果不错。**

总之，
这些测猫智商的方法
**大多效果有限，**
只不过是流行的"人猫互动"方式罢了，
仅供娱乐，

**不值得相信。**

更不要说，
人类妄图
**了解小猫咪智商这件事，**
本身就不切实际！

竟然敢讨论"主子"的智商。

## 小猫咪盯着空气一动不动，是为什么

不知道养猫的你
有没有这样的经历。

在某个
刚刚看过恐怖片的晚上，

> 富强民主文明和谐……

瑟瑟发抖

你只想
**好好抱紧小猫咪，**

> 你来陪我吗？

结果
小猫咪却对着一面墙
**盯住不放。**

你也顺着看过去，
却发现……

> 什么也没有呀！

半个小时后，

> 你别陪我了！

你终于被
**成功吓到！**

而且，
**类似的经历**
还有很多。

> 比如——

有的主人表示，
小猫咪**盯着门缝**向外看了**3天**，

门外却……

还有的主人投诉，
**小猫咪玩了半个小时，**

和它一起玩的却……

而且，
世界各地自古都有类似的故事。
在很多神话故事里
**小猫咪不但有阴阳眼，**
还能穿梭两界。

然而，
小猫咪真的能看到
**我们看不到的东西吗？**

首先，
小猫咪能看到我们看不到的
**紫外线。**

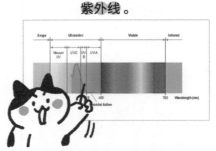

其实除了小猫咪，
**很多动物都能看到紫外线。**

小猫咪、狗狗、小蜜蜂都能看到紫外线。

这能让它们更容易追踪**猎物的尿迹，**
或更清楚地看到猎物轮廓。

**雪地上的兔子**

| 看不到紫外线时 | 能看见紫外线时 |
|---|---|
|  |  |

所以，
它们盯着看的可能是一滩
**闪闪发光的尿渍……**

其次，
**小猫咪的夜视能力**
也比人类强得多。

它们的瞳孔可以扩大到
**人类的 3 倍，**
能最大限度地捕捉光线。

它们的视网膜下还覆盖着
**反光色素层**
TAPETUM，
能在黑暗的环境中提高 40% 的敏感度。

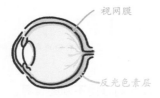

反光色素层会把捕捉到的光线再次反射进眼球，
以获取更多的光线信息。

这也是小猫咪在夜晚会变成
**"激光眼"的原因。**

所以，
你看到的黑乎乎一团，
对小猫咪来说
**有很多隐藏信息。**

上图：人类看到的黑暗。
下图：小猫咪看到的黑暗。

再次，
小猫咪可能不是看到了什么，
而是**听到**了什么。

小猫咪可以听见频率在
**45~64000Hz** 的声音，

是人类听力范围的 **3 倍**。
小猫咪能听到 20 米外一只老鼠吱吱的声音，
**甚至是微弱的电流声。**

所以，
它可能并不是盯着墙看，
**而是听到了墙后的小秘密。**

最后，
小猫咪对世界的理解也和我们
**完全不同。**

玻璃的**反光**，
或者阳光中的**灰尘**，

都能让小猫咪驻足凝望很久。

但作为人类，
也许我们永远无法看到
**小猫咪看到的世界**

**到底有多美。**

所以，
作为**唯物主义的铲屎官**，
我们必须从科学的角度认识小猫咪，

并时刻提醒自己：
**这个世界上没有鬼怪！**

不过有的时候，
产生这样的幻想其实是对自己的安慰。

比如，
前阵子一位网友的狗狗刚刚去世，
**而和它最亲近的小猫咪**竟然
做出了这样的举动——

空气            玩耍

网友感叹：也许它在和狗狗的灵魂玩耍吧。

也许，
**在我们感受不到的世界，**
画面是这样的吧——

以上科普可能有点"冷飕飕"的，
**但希望看到最后，你有被暖到。**

## 06 小猫咪真的会哭吗

最近因为一个问题
和朋友争论不休，
就是——

**小猫咪也会伤心、难过、哭泣吗？**

大多数朋友都认为会！
而且纷纷拿自家猫举例。

当然会呀。

上次毛毛打架输了，
**不就哭来着？**

别哭了。

我家的也会。

刚把流浪的它带回家吃罐头的时候，
**它吃着吃着就感动哭了。**

太香了吗？

我家那个是委屈哭的……

趁它睡觉的时候 **用脚熏它来着，**
然后就……

不至于吧……

所以，小猫咪就是会哭啊！

哎，你们真不懂科学！

啊！但小猫咪就是不会哭啊！

你才不懂！

还最凶！

李小孩儿坚持己见，
声称猫咪不会哭，
**该不该信她？**

事实上，
你以为的小猫咪哭泣的场景
**其实真的不存在！**

我哭了

我装的

小猫咪确实会流眼泪，
但那种情绪性的 **"哭"**
**可能是人类独有的。**

人真的很会哭，
**开心会哭，愤怒会哭，**
**哀伤会哭，恐惧会哭，**
甚至演戏时
或想博取别人同情时，
挤一挤眼睛，
眼泪便掉下来了。

呜呜呜，为啥大家
都不点赞、转发？

最近打赏又
少了……

**但小猫咪不会，**
它们的眼泪通常是**生理性**
或**病理性**原因造成的。

比如：

眼部受伤

病毒

感染

生理结构
（鼻腔短）

异物刺激

过敏

对小猫咪来说，
这既是一种 **健康预警**，
也是 眼睛本能的自我保护机制。

比如前面提到的
一边吃饭一边"**感动得哭**"，

\* 有时吃得太香、太快也会这样。

其实就是 **鼻泪管短**
或者 **堵塞** 造成的。

鼻泪管

那为什么上次我骂猫，
它就哭了？

我说是巧合你信吗？

有时还真可能是巧合，
比如 **小猫咪眼睛刚好不舒服**……

我不该凶你，别哭了！

?

也有可能是**生理波动**
刚好给身体带来刺激，
**导致泪腺分泌液体。**

但和人类那种因为悲伤而哭泣的情况，
**还是两码事。**

原来是这么回事儿。

哼！道歉！

但其实，
**如果小猫咪真的会哭，**
**反而是一件好事啊。**

因为**哭是一种发泄**，
也是一种**排解压力、自我疗伤**的方式。
很多人受伤害后，
能哭一场反而好受很多。

总有人妄图证明，
小猫咪是会因为悲伤难过而哭泣，
可能是潜意识里
觉得小猫咪这样才更像人类自己吧。

但
**小猫咪的感情**
并不需要用这样的方式证明，

有这工夫，
还不如好好爱小猫咪，
别让它在你不知道的地方
独自难过。

而大多数时候，
**小猫咪伤心起来都太安静了。**

小猫咪如果还能跟你抗议，
用叫声表示委屈，
那应该还算被伤得不太深。

有些小猫咪默默"伤心"时，
只会独自沉郁，茶饭不思，
小鱼干都不香了，
**甚至生病呢……**

毛毛别哭了，
**下次大家让李小孩儿上。**

## 07 11 种不同的猫尾巴

众所周知，
**尾巴**
是小猫咪身体的重要组成部分。

它不但能**让小猫咪保持平衡、**
行动自如，

小心啊！

还能**传达讯息，**

烦死了！

更是
独立于小猫咪本体存在的
"神秘生命体"。

哇？！　嗨！

不仅如此，
这个"生命体"
还有各种各样的存在形式。
这一次，
毛毛就"请"出了 **11 条**
可爱又奇怪的猫尾巴。

## 1

### 平平无奇标准尾

它由 20 块椎骨和灵活的肌肉组成，
长度在 25~30 厘米，

一般来说跟小猫咪身体的长度相当。

因此，
一般身材比较短胖的小猫咪
尾巴也会相对较短。
这类小猫咪可能是
英国短毛猫或异国短毛猫，
以及……
部分"猪猫"。

### 2
### 优雅细长尾

拥有纤细的东方体型的小猫咪，
往往会拥有这样纤细的尾巴。

比如
东方短毛猫、东方体型暹罗猫等。

### 3
### 蓬松棉花糖尾

长毛猫中被毛浓密的小猫咪
才拥有这样像棉花糖一样
蓬松柔软的大尾巴，

比如浑身都毛茸茸的波斯猫。

## 4

### 高贵羽毛尾

高贵羽毛尾从尾根到尾尖逐渐散开，
如羽毛般轻盈。

一般中长毛猫，
比如传说中长毛猫的始祖土耳其安哥拉猫
会拥有这样的尾巴。

你身边的很多中华田园长毛猫都是这种尾巴。

## 5

### 妖艳狐狸尾

妖艳狐狸尾尾巴根部很粗壮，向尾尖却越来越细，
就像狐狸或浣熊的尾巴。

索马里猫最容易长出这种尾巴。

## 6

### 小波浪羊毛卷尾

这种尾巴的毛发是卷曲的，
看起来像是做了小波浪烫发。

比较少见的长毛卷毛猫能长出这种尾巴，
比如拉波卷毛猫。

插播一条，
世界上**最长的猫尾巴**，
属于美国底特律的一只缅因猫 Cygnus。

它尾巴长 44.66 厘米，
是保持最长尾巴记录的小猫咪哟。

### 7
### 个性半条尾

有些小猫咪尾巴天生只有
其他小猫咪尾巴的一半长，

比如美国截尾猫、北美短尾猫等。

*另外我国沿海地区，也有这种截尾猫的记录，
我们的古人称其"麒麟猫"。

### 8
### 球状兔子尾

有些小猫咪的尾巴像兔子尾巴一样又短又卷曲，
像个毛茸茸的小球。

其中最典型的就是日本短尾猫，
其尾巴只有 8~10 厘米长。
在岛屿地区，
这种短尾巴的猫其实比较常见。

*据说招财猫原型就是日本短尾猫。

## 9
### 尾巴消失！

有些小猫咪的尾巴直接消失了，
只剩下一个光秃秃的屁股！

对于马恩岛猫来说，
一出生就是这样。

★但马恩岛猫的这种突变非常危险，
很可能会让小猫咪患上马恩岛猫综合征。

于是问题来了：
没有尾巴的小猫咪
能控制自己身体的平衡吗？

答案是**肯定的**。

人们发现，
无论是先天短尾猫还是后天断尾的小猫咪，
**在行动上几乎和正常猫一样。**

专家猜测，
这可能是小猫咪自动调整了前庭系统，
**并通过身体的其他部位弥补尾巴的缺失。**

比如，

完全没有尾巴的马恩岛猫，
其四肢的长度就比其他小猫咪更长……

最后一种要**格外小心**，
那就是——

## 10
### 僵直闪电尾

这可不是小猫咪要变身皮卡丘的前兆！

如果小猫咪的尾巴
**出现僵直或者变形的情况，**
则可能存在**关节病变，**
特别是带有**折耳基因**的小猫咪，
若还伴随其他关节和四肢的变形和疼痛，
**需要马上去医院治疗！**

所以，

你家小猫咪的尾巴是哪种"**独立生命体呢？**"

**希望每条尾巴都健健康康，**

而且，

和"**本体**"关系越来越和谐呀！

★ 毛毛：和你拼了！

## 小猫咪的记性
## 到底好不好

总听人说：

猫的记忆只有21天！

金鱼的记忆只有7秒！

这让人有点儿生气，
因为好像显得小猫咪
**不怎么聪明的样子。**

记性也没那么不好吧！

毛！

翻阅了好多资料后发现——

小猫咪记忆时间短，
记不住主人，
**果然是胡说八道！**

金鱼的记忆也不止7秒。

*顺道帮小金鱼辟个谣。

首先，
小猫咪的记忆分**短期记忆**和**长期记忆。**

昨天吃啥罐罐来着？

最近铲屎的老夜不归宿！

如果再细化点，
还可以分为**工作记忆、感官记忆、**
**联想记忆、视觉记忆、隐性记忆……**

全记在小本本上。

*当然不是这么记。

咱们今天就讲点简单的吧！
从几秒到 24 小时之间的记忆，

**都可以叫短期记忆。**

触发小猫咪短期记忆的点也很简单，
就是——
与它们生存有关的生活中的一切！

想玩玩不到
磨爪子的地方
睡的地方
好吃的
吃饭的地方
奴仆

但前提是
这些得给它留下深刻印象，

**并与之互动。**

比如，
如果你从窗边走过，
恰巧有只小猫咪看到你……

★小猫咪：好奇怪啊……

虽然你古怪得让小猫咪一刹那心惊胆战，
但由于你并没有和它产生任何互动，
所以可能 **10 秒** 之后，
小猫咪就把你彻底忘记啦。

★好无聊，今天外面啥都没有。

但只要你与小猫咪**产生互动，**
无论是正面的，
还是负面的，
**小猫咪都会记住你至少 10 小时！**

来吃罐罐啦。

喵。

★这人真好！

昨天喂过一次，就记得你了。

喵

当然，
**负面记忆可能持续更久。**

毛！

毛！

都骂了两天了。

而且，
如果是强烈刺激性的负面记忆，
小猫咪可能记得更久，
**甚至产生联想记忆。**

★ 可能记住几年。

由于小猫咪的**短期记忆已经很优秀了，**
所以在生活中
它们显得特别游刃有余，
**尤其在吃和拉方面。**

而一些似乎隐藏在基因中的隐性记忆，
只要做过一次
**就会转化成长期记忆。**

那长期记忆能有多久？
它们能记住铲屎官
**一辈子吗？**

先听答案：
**是可以的！**

但有个前提，

那就是你必须跟它有
**长期稳定的互动。**

也就是说，
你只喂它一次，摸它一回，
它可能记住你一天。

但如果你**每天**都给它
吃好吃的、陪它玩、抚摸它、爱它，

小猫咪就会
**想忘记你都忘不掉啊。**

我们会记住一辈子。

虽然有些小猫咪年纪大了以后，
可能因为这样或那样的疾病，
**甚至认知功能障碍影响记忆。**

但因为和你长期在一起，
所以它的本能还是会让它
**想起你的那一点点味道。**

还记得我呀。

不过有一种情况比较麻烦，
就是当你离开好几个月后再回来时，

我回来了！

小猫咪也许记得你，

毛？

但要想起你，
可能多少要花点儿时间。

给你带了好吃的。

毛.

＊翻译一下，毛毛说的是：好吃的有助于恢复记忆！

108

## 09 小猫咪眼里，什么样的猫长得好看

你有没有想过，
在人类眼中**漂亮**的小猫咪，
在其他小猫咪眼中也是**漂亮**的吗？

就这个问题，
我们经过调查发现，
**人类**和**小猫咪**似乎存在某些
**审美偏差。**

比如，
在人类眼中的
小猫咪**"美女"**
大多长这样：

大眼睛　自带眼线
仙气　甜美

小猫咪：等等，我是"公的"。

而猫眼中的小猫咪**"美女"**
则可能是这样：

花脸　玳瑁　三花

比如，
在人类眼中的
小猫咪**"帅哥"**
可能长这样：

帅气　伶俐的眼神
高大　肌肉感

而猫眼中，
**"行走的荷尔蒙"** 则可能是
这样：

"大叔"猫　双下巴
三角眼

**小猫咪对同类的审美**
为啥与人类如此不同？

**答案来了——**

首先,
大多数时候,
**小猫咪并不在意别的猫
脸长啥样,**
当然,眼神也不怎么样……

但如果是以繁衍为目的,
**需要对外表进行选择时,**
它们的判断方式也和人类不太相同。

能证明**基因优质**的**外貌特征,**
才是小猫咪看重的。

比如,
**体型适中、被毛干净顺滑**
的小公猫更容易脱单。

★这至少证明小
猫咪身体健康、
食物充足,而且
有足够的时间和
能力打理被毛。

如果它还能拥有
**结实的身体和雄壮的双下巴,**
则可能成为更多小母猫的选择。

★这些特征都是雄性荷尔蒙旺盛的表现,据说双下巴
还有利于公猫在打架的时候保护重要的身体部位。

所以,
在小母猫眼里,
"**大叔**"猫可能比"**小鲜肉**"猫
更受欢迎。

那小母猫呢?
很遗憾,
它们都是扮演**挑选别人**的角色。

不过也有坊间传说，
**玳瑁和三花小母猫**
因为被毛颜色丰富更受公猫的欢迎。

＊据说是因母猫的毛色基因在 X 染色体上，因此
毛色超过三种的小猫咪是母猫的概率更大。

其次，
相对于看脸，
猫更倾向于依靠气味，
特别是靠**信息素**挑选异性。

靠闻就可以。

信息素通过小猫咪摩擦腺体或排尿释放，
**就像一张张名片，**
上面记录了小猫咪丰富的
**身份信息。**

请笑纳。

| 性别 | 年龄 |
| --- | --- |
| 健康状况 | 精神状况 |
| 饮食 | 技能 |
| 住房情况 | 发情期 |

这也是小猫咪在发情的时候，
要尽可能多留下
**自己尿液的原因。**

＊公猫把尿液喷洒得尽量高，以显示自己身材高大。

而小猫咪如果想多获取性信息素，
**则需要开启犁鼻器解读。**

犁鼻器

位于口腔内上颚的位置。

也就是我们常见的
**"痴汉脸"。**

这什么表情？

女神的味道。

**虽然看起来有点儿傻，**
但实际上，
它比**看脸**的挑选机制靠谱多了。

这个不错，家庭条件好。

天天吃冻干、生骨肉。

当然，
除了繁育需求，
小猫咪在挑选朋友上似乎也表现得
有自己独特的喜好。

有的怎么都不对付，

有的小猫咪则非常受欢迎。

那是因为
小猫咪挑选朋友，
需要综合性格、社会化程度、
初次见面的印象和资源是否充裕等元素。

一般来说，
社会化良好、
懂得做猫礼仪的小猫咪，
会更受其他小猫咪的欢迎。

猫食盆相距太近也容易引发小猫咪冲突。

总之，
小猫咪也有自己的审美，
才不会
肤浅地看脸呢。

毕竟，
不管我们是美是丑，
是贫穷还是富有，

小猫咪都一样——

毫不在意。

**10** 小猫咪为什么那么能睡

假期彻底过完了，
开始上班的李小孩儿
**最近非常看不惯毛毛，**
主要是因为……

＊不想上班……

＊翻了个面。

**小猫咪凭啥那么能睡？**
它们每天不干正经事吗？

这可就冤枉小猫咪了，
其实食肉的猫科动物睡眠时间都很长，
**通常是 12~16 个小时。**

＊老虎，每日平均睡 15.8 个小时；猎豹，每日
平均睡 12 个小时。

而小奶猫、老年猫、病猫等
睡眠时间更长达 **20 个小时。**

而且,
**睡眠多其实是好事,**
因为猫科动物都是**很优秀的"猎人",**
捕猎时,
它们属于爆发型选手,
往往速战速决。

但同时,
**其热量消耗也很快,**
进食之后,
它们需要休息来进入下一轮的能量储存。

\*能量满了!

\*瞬间见底。

为了**避免能量消耗,**
最好的方法当然是——
**睡觉啦。**

相比之下,
**草食动物**
从植物中摄取的能量本身很少,
它们需要长时间
**咀嚼—进食—消化,**
所以它们每天大多数时间
都用来吃东西了,
**睡眠时间反而很少。**

\*马,每日平均睡眠时间为 2.9 个小时。

所以,
猫能睡说明**有效率。**

可是
**家猫并不捕猎啊，**
为啥也这么能睡？
而且睡眠时间更长？

首先，
这是因为**基因记忆**，
所以现在
普遍还是习惯长时间睡眠。

*祖先凭本事挣来的睡眠时长，不放弃、不抛弃！

小猫咪不用捕猎之后，
每顿都吃得饱饱的，
**更有助于睡眠。**
简答来说，
就是它们该干的事儿，
都让你干了。

*其实人类也是吃饱了更能睡哦。

家庭环境里的**温度**和**光照**，
普遍比户外更适合睡觉。

*最佳睡眠环境：22℃~25℃，避光。

太冷、太热或者光照太强，
都会让小猫咪睡不踏实哦。

*晒太阳虽然舒服，但很难深度睡眠。

还有一个很重要的原因就是——
**太无聊了！**

*最近都没啥剧可看，睡觉吧。

毕竟，
既不需要捕猎，
又没啥好玩儿的，
互动和社交都很少，
**那么不睡觉，干啥呢？**

每天都在外辛苦工作，
小猫咪当然只能睡更多的觉了。

当然，你也可以
**跟老板申请更多时间睡觉，**
毕竟有案例表明，
**人类多睡觉也会变优秀呢！**

所以，综上所述，
小猫咪爱睡觉
归根到底还是你的错。

**小猫咪能睡是福，**
你就别嫉妒啦！
还是想想有什么办法多赚钱，
给小猫咪买更多玩具吧！

谁让你准备好吃的罐罐，
开着暖气、空调，
提供了舒适的环境，

## 小猫咪身上的 8个"开关"

我发现了猫身上的
**8个隐藏"开关",**
并决定和大家分享。

不过,
请先答应我——

不要随便打开哦!

但是,
这种现象
似乎只在小奶猫用奶瓶喝奶的时候才会出现,
且一旦过了奶猫期,
这种现象就会慢慢消失。

★猫妈妈喂奶不带此动作。

### 开关原理

人们通过分析发现,这可能是因为小奶猫面部和耳朵相连接的肌肉没有发育完全,而吸吮人工奶嘴的时候正好激发了这种动耳朵的行为。随着肌肉发育完全,这种附加功能也会慢慢消失。

### 开关 1
### 一吸奶就动耳朵

这是小奶猫在用奶瓶喝奶时,
附带的让人萌翻的动作。

### 开关 2
### 被命运掐住的后颈肉

只要被捏住后颈,
小猫咪就会**蜷缩身体,**
保持安静并不动。

因此该"开关"被称作——
**被命运掐住的后颈肉。**

一群外国医生发现，
夹个夹子在小猫咪的后颈
也能达到 同样的效果，
因此，
这种现象也被叫作 clipnosis

（翻译过来大概是"夹子催眠效应"）。

最后人们发现，
这种反应主要是为了
**便于猫妈妈移动小奶猫。**

小猫咪的后颈一旦被叼住，
大脑就会发出
**"现在你正被猫妈妈叼住"** 的信号，
小猫咪就会缩紧身体尽量保持不动，
以防止在转移途中掉下来。
这一反应保留至小猫咪成年。

这也被称作
**"捏掐诱导的行为抑制现象"。**

## 使用指南

后颈肉功能最初是为小奶猫准备的，而成年猫后颈这部分肌肉已经承受不住其体重，被掐住后颈拎起后，它们会很不舒服。体重超标的小猫咪更是会很不舒服！

---

## 开关 3
# 爪爪开花按钮

轻轻按揉小猫咪的**爪垫根部**
（其实是爪趾的根部），
小猫咪就会爪爪开花给你看哦！

★ 操作要领是揉捏爪垫贴近趾根部位。

至于其中的原因，
据猜测应该是方便小猫咪
**舔脚毛！**

## 操作原理

这是小猫咪清洁爪垫部位的时候，为了不放过爪趾部位的毛发而建立的简单神经反射。小猫咪平时用舌头清洁到这个位置时，也会打开爪趾以便进行深层次清理。我猜的……

鉴于**爪子**属于小猫咪的**敏感地带**，
请谨慎操作，
否则可能会被挠成"人肉土豆丝儿"……

不要怪我没有提醒你。

## 开关 4
### 电臀开关

戳小猫咪背部贴近**尾巴根部**的位置，
小猫咪的屁股就会不由自主地颤动……

比较普遍的解释是，
**小猫咪尾根部位的神经非常敏感**，
即使被轻轻戳一下，
也能瞬时带来较为强烈的神经反应，
**形成电臀效应！**

有些小猫咪甚至还喜欢被
**拍屁股！**

## 使用注意

当然，也并不是每只小猫咪都喜欢被摸屁股，
即使喜欢拍屁股也不能大力拍打，否则容易
造成尾部神经受伤，请轻戳……

## 开关 5
### "痴汉脸"开关

一旦被**某些气味**触发，
小猫咪一秒以"痴汉脸"示人，
多高的颜值都拯救不了……

小猫咪的这种表情
实际上只是它自带的一种生理反应，
**也被叫作犁鼻反应。**

犁鼻器

\* 位于小猫咪上颚部位。

当小猫咪接触到环境中**强烈的信息素**时，
就会不由自主地张开嘴巴，
让气味分子更多、更迅速地进入犁鼻器，
以分析信息素所携带的信息。

小公猫闻到小母猫身上携带的信息素时，
往往会露出这样的 **"痴汉脸"**。

\* 强烈的猎物的气味也会引发犁鼻反应，
所以你的脚丫子……

开关 **6**

## 想妈妈开关

据说用牙刷刷小猫咪的额头，
它们就会**想起妈妈**。

MaMa...

而事实上这只是因为
小猫咪觉得
**很舒服而已！**

你想多了！

虽然这种 **"想妈妈"** 的说法完全不靠谱，
但建议大家可以经常
**轻轻按摩小猫咪面部，**
这能让它们感觉放松，还能增进你们的感情。

不过需要提醒大家的是，
**手法不过关也有 "翻车" 的。**

## 开关 7
### 撩猫开关

伸出手指就会触发"**过来**"开关，
小猫咪一旦看到
就会忍不住**过来**。

这主要是利用了小猫咪的好奇心理，
当看到一个突出的物体时，
小猫咪总是忍不住
过去闻闻气味并蹭蹭留下标记，
和小猫咪之间打招呼的方式很相似。

不过，
这种方法亲测……
"**翻车**"概率较大。

## 开关 8
### 超强猫咪召唤术

其"翻车"概率降至最低，

只要
**开个罐头**（最好是顶级的），
或晃晃食品袋（最好是冻干零食），
小猫咪就会马上出现，
出现速度取决于食材的吸引力。

而且只要小猫咪愿意，
此开关
**可以无限制反复使用，**
**唯一需要注意的就是你的钱包。**

别怪我没有提醒你。

每到一年一度的中秋节，毛毛和李小孩儿
**也经常要被迫营业。**

明明过节，
反而又多出一个不想上班的日子。

所以中秋节，
我们不讲课，
**只给大家送月饼。**
快来看看，
什么**月饼**跟**小猫咪**最配？

请打包带走！

大橘·双黄莲蓉

皮薄馅大，分量十足。

玄黑·黑金流沙

外酷内甜，神秘又柔软。

小白·冰皮奶黄

软软糯糯，可盐可甜。

狸花·鲜肉月饼

传统风味，又软又香。

奶牛·牛奶黑芝麻

有点儿奇怪，这就对了。

三花·豆沙蛋黄

甜美独立，女神特供。

玳瑁·伍仁

不是人人都爱，但是真的香。

蓝猫·蓝莓乳酪

酸酸甜甜，一口一个。

无毛·蜜桃冰皮

坦诚相见，猫中水蜜桃。

银虎斑·芝麻云苏

层次分明，活力无限。

布偶·桃花雪媚娘

又媚又甜，就问你够不够。

缅因·云腿巨无霸

只要一份，全家吃饱。

所以，
你家小猫咪和什么月饼最配呢？

祝大家
中秋快乐！

# 这些花都对小猫咪有害！ 别买

不少铲屎官选择用美丽的花朵来表达爱意，这份礼物放在家中也是分外赏心悦目。但是毛毛在这里要严肃地提醒大家：很多常见花卉其实对小猫咪有毒！有一些还是剧毒！带回家之前一定要做好功课，认真筛选。

今天毛毛就跟大家聊聊，那些日常生活中经常能看到却对小猫咪有毒的美丽花卉。

## 1 百合

还有人不知道养猫不能养百合吗？不管是白百合还是红百合，都对小猫咪有剧毒！全株所有部位，包括花粉甚至是花瓶容器里泡过的水，都会让小猫咪呕吐、沉郁、昏睡、厌食，在短时间内导致小猫咪不可逆的肾衰竭。日常中要严格禁止小猫咪接触，毛毛建议不要种植也不要购买百合。

## 2 马蹄莲

作为马蹄莲的大本营，天南星科里有众多大名鼎鼎的小猫咪杀手，例如：海芋、龟背竹、滴水观音这几种常见绿植。它们富含不溶性草酸钙，小猫咪误食后会产生严重的烧灼感，口腔受到刺激、流涎，进而导致呼吸困难、肾衰竭、中枢神经系统症状！

## 3 雏菊、洋甘菊等

菊科在花卉市场里很常见，也是导致小猫咪中毒的常见植物。雏菊含有倍半萜烯、内酯、除虫菊酯等成分，小猫咪啃食或接触后，会患过敏性皮炎、呕吐、腹泻、共济失调等。而富含甲磺胺、花酸、单宁酸等挥发油成分的洋甘菊，也会导致小猫咪有类似的临床症状。

## 4 大丽花

作为切花市场的新秀，大丽花对小猫咪也有一定的毒性，虽然不像百合、马蹄莲那么猛烈，但是小猫咪接触或误食后，也会出现过敏性皮炎和呕吐、腹泻等肠胃症状。

**5 康乃馨**

康乃馨可以说是日常最常见的花卉之一，但是对小猫咪也不算友好，小猫咪误食后会出现呕吐、腹泻等肠胃症状。如果想带回家，也一定要放在小猫咪接触不到的地方。另外，七夕节大概率是用不上这种花吧！

**6 牡丹、芍药、铁线莲**

这是华丽的切花代表，虽然前两种已经过了花期，但铁线莲作为盆栽出现在室内的概率还是不小。虽然花朵美丽，但是其新鲜的枝叶对小猫咪是剧毒。小猫咪误食后会刺激黏膜，出现呕吐、腹泻，并有可能引起强烈的肌肉反应。

**7 绣球**

七夕节正是绣球盛开的季节，它本身也算是切花里的抢眼高颜值代表，但全株对小猫咪有毒，会导致小猫咪腹痛、腹泻、便血、呕吐、呼吸急迫等。虽然绣球清新美丽，但看看就好！另外可以选择高仿花，不少可以做到以假乱真！

**8 栀子花**

栀子花香味清新扑鼻，大多作为盆栽被铲屎官整盆抱回家，不过也正是这种香味的主要成分——栀子苷，会导致小猫咪长荨麻疹、腹泻、呕吐。如果在室内种植，也一定要放在小猫咪接触不到的地方。

**9 薰衣草**

作为干花和香草代表，薰衣草在我们身边也很常见，但其富含的亚麻酚、乙酸芳樟酯等成分，依旧对小猫咪不友好。日常生活中，大部分植物精油也要避免让小猫咪接触。

### 相对安全的花卉

如果确实想买花，毛毛推荐玫瑰、向日葵、满天星这几种相对安全的花卉。不过虽然对小猫咪无毒，但也不能让它们随便啃食，毕竟大量误食还是会导致呕吐、腹泻甚至肠胃梗堵！

除了上面常见的这些花卉，李属、紫衫属、茄科（如圣女果）、天南星科、毛茛科的植物也都是会让小猫咪中毒的。可以在购买之前咨询店家，排除这些植物；也可以查询美国防止虐待动物协会（ASPCA）创建的对动物有毒和无毒植物网站。

# 小猫咪为啥总是突然开始疯跑

### 第 1 种
### 释放多余能量

当小猫咪精力旺盛、过于兴奋时，就会通过突然的疯跑行为来释放多余的能量。疯跑多见于小猫咪长时间睡眠或进食后，尤其是它们白天睡一整天，晚上到铲屎官休息时就开始活跃。（铲屎官：夜里不睡，这日子没法儿过啦！）

研究表明，经常狂奔的小猫咪体内糖皮质激素较少，说明它们心情舒畅、感到幸福满足；所以铲屎官就睡前多陪小猫咪玩耍，以让它们释放精力吧……

备注：如果小猫咪吃了过多的猫薄荷，有时也会出现兴奋狂奔的情况……

### 第 2 种
### 逃避"潜在捕食者"

狂奔的另一种常见原因就是受到外界刺激和惊吓，感到恐惧和害怕，从而逃命。比如突然出现在身后的黄瓜，会让小猫咪直接跳起后夺命狂奔。

小猫咪在上完厕所后也会出现狂奔行为，被大家广泛接受的理论就是：将大便深埋进猫砂中并发疯逃跑，是为了隐藏气味，躲避捕食者的埋伏追踪，这是小猫咪的一种本能。

### 第 3 种
### 甩掉沾染的异味

还有一种比较冷门的说法，就是：**如果我跑得快，臭味儿就追不上我！** 小猫咪通过四处狂奔来驱散排便时身上沾染的异味。它们爱干净，时常清洁自己，也是对异味非常在意的缘故。你家小猫咪有这种情况吗？

### 第 4 种
### 压力和焦虑的表现

如果小猫咪情绪有变化，并伴有频繁地疯跑，就要考虑小猫咪是否压力过大。除此之外，小猫咪还会出现食欲不振、嗜睡、过度舔舐等问题，铲屎官们要多多注意，及时帮助小猫咪调整到正常状态。

## 第 5 种
### 皮肤、神经高度敏感

有极少数小猫咪，会有皮肤神经触感敏感的问题，患有这种疾病的小猫咪触觉高度敏感，正常的抚摸和触碰就会让它们感到不适，出现四处乱跑的情况，甚至有的小猫咪会一直追咬自己的尾巴。

## 第 6 种
### 认知功能障碍

这种疾病另一个广为人知的名字就是：阿尔茨海默病。是的，小猫咪也不能幸免。患病的老年猫会出现方向感迷失、对着墙壁发呆、无目的乱逛等症状，也会有突然到处乱窜的情况。

## 第 7 种
### 视觉、听觉退化

这也是老年猫易患的疾病。当视觉、听觉开始退化时，突然改变的声音和环境，会导致部分小猫咪受到惊吓而到处乱跑躲藏。遇到这种情况，铲屎官要尽快给小猫咪提供一个安全稳定的生活环境，使其慢慢适应。

## 第 8 种
### 一些潜在的疾病

甲状腺激素分泌过多引起的甲亢，也会导致小猫咪疯跑；跳蚤、蜱虫等体外寄生虫的叮咬也会让小猫咪因不适狂奔；而皮肤过敏引起的瘙痒，也会让一些小猫咪奔跑磨蹭，以摆脱这种不适感。

## 小猫咪出现狂奔时该怎么办？

当小猫咪狂奔的时候，铲屎官切记不要大声训斥甚至追打小猫咪，它们既听不懂也很有可能受到惊吓误伤人类，继续躲藏奔跑，造成恶性循环。

铲屎官这时候能做的就是默默收好易碎品和小猫咪奔跑道路上的障碍物，让它们先释放精力。如果它们躲藏起来，也不要去打扰，等小猫咪情绪稳定一些后再慢慢安抚。

第**3**章

养了猫才知道
铲屎官的"快乐"

# 养猫人想打扫卫生，
# 为什么这么难

养了猫之后
你家是**怎么打扫卫生**的呢？

你有没有发现，
**养猫之后大扫除似乎也变得**
**异常艰难！**

**倒不是因为不愿意打扫，**
而是……

本来只要 5 分钟就能完成的工作，
却因为小猫咪，
**成功拖延到半个小时以上，**

不是逗猫棒啊！

甚至成为灾难现场。

白扫了！

重新铺床单的时候，
**更是不想干了。**

麻烦让让。

玩够了没有？

更是放弃了老式鸡毛掸子。

扫地机器人也惨遭"毒手"。

总之，你的打扫工作
在小猫咪眼里似乎就是在
**做游戏！**

和捣乱相比，问题更大的
是无处安置的小猫咪们。

放着不管不行，

但如果你把它请出房间……

而有些小猫咪
就喜欢趁着你忙的时候
**卖萌。**

真是 好无奈！

更严重的，
小猫咪让打扫卫生这事儿
**更危险了！**

比如，当有些小猫咪面对吸尘器——

*使用吸尘器时，应该由远到近靠近小猫咪，
并最好将小猫咪临时隔离在其他房间里。

清洁用品甚至成了危险物品。

最可怕的是，
有些小猫咪口味还很特殊。

*如果水里混有含氯消毒液，味道会更吸引小猫咪。

养猫人家做个大扫除
**真是太难了！**

但是你要知道，
对人来说
**打扫是清洁是好事，**
但对小猫咪而言，
打扫会让它们熟悉的家庭布局
和味道发生变化，
是会让小猫咪产生压力的"坏事"！

所以，也请对小猫咪多点儿理解，
**打扫时请尽量安静，合理安置小猫咪。**
比如，应该注意以下事项。

- 小心使用让小猫咪害怕的清洁电器。
- 不大声抖动东西，尤其是塑料袋。
- 不使用味道重的清洁剂。
- 保证不趁机洗猫！

也许这样做之后，再给他们美味的罐头，
小猫咪就不会那么爱影响你的打扫进度了。
**学会了吗？**

*说了半天还不是骗罐头吃。

不过有时候，
小猫咪只是在尽力阻止你
**发现它们私藏已久的"小金库"。**

## 铲屎官对小猫咪"喵"，它们听懂了吗

据我所知，
99% 的**铲屎官**都做过这件事，
那就是对着小猫咪

**喵喵叫。**

有趣的是，
**当我们这么做时，**
小猫咪大多也会
**喵一下回应……**

当然，根据小猫咪个体不同，回应也可能是
"嗷""嘛""咩"……

那么，这是不是就代表着
**我们可以用猫语交流了呢？**

有朝一日，猫语精进，
人类和小猫咪也能
**突破种族的界限实现沟通。**

停止幻想，
**准备好迎接真相吧。**

首先，有一点没错，**喵喵叫**
是小猫咪专门和**人类沟通的语言，**
小猫咪之间交流
**更多是用身体语言和气味。**

尾巴、耳朵、胡须、眼神都能沟通，能"打"
就不"喵喵"。

**"喵"**
最初用于小奶猫呼唤猫妈妈，
主要是为了**吸引猫妈妈的注意。**

后来，
**成功用在了猫主人身上，**
作用是一样的。

因为小猫咪发现这种声音最能引起关注。

而且据行为学家们统计，
小猫咪大概能**掌握 17 种**
代表不同含义的"喵"声，
有趣的是，
**大多数猫主人都能听得懂，**
并做出相应的回应……

所以，
当你对**小猫咪说话**甚至**"喵"**时，
它们真的能听懂吗？

如果
小猫咪**认真地看着你**并**给出回应，**
可能是因为……

**1**

它们能理解你，想交流，
所以"喵"一下回应，
**以资鼓励。**

译：嗯，"喵"得还不错。

## 2

当你对它说话时，
它可能只是在模仿你，
**而不是回答你。**

译：这个音我会。

## 3

当然，
也有些小猫咪**根本不理解**你为啥突然不会
**说人话了。**

译：毛哥，咱家"人宠"语音系统混乱了！

不过，
如果我们在**"学猫叫"**上用心学习，
确实可以在一定程度上
**实现猫语沟通。**
这里有几个李小孩儿总结的简单的猫语
大家可以学习一下，防止瞎"喵"。

## 1

短促、音调较高的
**"miao!"**
表示
**嗨！我来了！**

## 2

响亮的
**"MIAO!"**
表示
**想吃饭、摸我、陪我玩**
等具体需求。

## 3

哼哼唧唧发着颤音的
"mia~o~o~o~o"
表示
跟我来、快来看看。

## 4

低沉、带些嘶吼的
"M~IAO！！"
表示
不行！不可以！

学会以上几个，
基本就可以拿到
"喵语4级证书"
更多内容则需要各位铲屎官
根据自家小猫咪的语言习惯自行揣摩。

不过最后要提醒大家的是，
在小猫咪的世界里，
"喵"是沟通，而不是聊天。

如果铲屎官总是没事
"喵"来"喵"去，
忽视小猫咪需求，没有行动的话，

主仆关系也可能……
随时破裂。

译：别聊了，赶紧去赚猫粮！

所以今天就"喵"到这儿吧。

## 03 铲屎官去上班了，小猫咪独自在家会寂寞吗

就算再不舍得，
假期还是结束了，
打工人的生活又开始了。

再见小猫咪，
我去打工了。

然而，当打工人离开家
**关上门的那一刻，**

...

往往会陷入沉思：
**独自在家的小猫咪**

**会感到孤独吗？**

关于这个问题，
有人认为：
小猫咪**独自在家**一定会觉得
**孤单寂寞。**

嘤嘤嘤，小葵一定很想我。

但也有人有不同意见，
认为猫是**独居动物，**
**不需要社交，**
才不在乎你在不在！

你们想太多了。

然而，
答案可能和我们想象的
都不一样。

首先，
小猫咪虽然是独居动物，
却并不等于没有社交和情感需求。

# 独居≠无社交

相反，
小猫咪的社交生活非常丰富，
它们每天除了**吃喝拉撒**，
还会花**大量时间**做这些事：

小时候，
和**猫妈妈**及**兄弟姐妹**相处；

也是小猫咪学习社交规则的关键时期。

**成年后，巡视领地，**
和领地交叉的同类打招呼或打一架；

在物资充沛的情况下，小猫咪也能和平分享领地。

**奔跑、爬树、捕猎；**

室内猫的许多行为都是模拟捕猎行为。

有些还会谈恋爱，
甚至是带孩子。

不过，孩子一般
都是母猫带。

实际上，
**社交和情感交流伴随了猫的一生。**
**生活过于无趣、缺少互动和关爱，**
也会让小猫咪承受压力。

当压力无法释放时，
它们就会患**严重的生理和心理疾病，**
其症状有：

郁闷、嗜睡、乱尿、乱叫、
过度梳理被毛。

**有些甚至出现分离焦虑，**
比如：

意识到你要出门的时候
**产生攻击行为。**

主要为了引起你的注意。

还有些小猫咪
会制造一些**有创意的破坏**，
借此来**保持忙碌**。

当然，
**这些都不是小猫咪的错。**
**那怎么办？难道……**

只能辞职在家陪小猫咪了。

**那倒也不必！**
毕竟，铲屎官在小猫咪生活中的地位……

也没那么重要。

你只需要
**在家的时候做好下面这些事。**

## 1

每天陪小猫咪玩 1~2 次，
**满足其捕猎需求。**

每次 15 分钟即可，不用太长。

## 2

与小猫咪适当交流，
并提供按摩和梳毛服务，
**满足其社交情感需求。**

今天又有打赏了，给你买小鱼干。

多夸夸小猫咪，它们会开心的。

## 3

而你**出门打工之前**，
则需要把小猫咪的领地（家）变得更有趣，
**以满足小猫咪的需求。**

至少有一个可以观景的窗户，
**让小猫咪看看风景。**

打造共三层的空间，
**让小猫咪的领地更广。**

可以错落地放置家具，猫爬架更安全。

**准备小猫咪可以自己在家玩耍的玩具，**

如果你不准备，

**小猫咪只能自己选了。**

选择玩具时一定要注意安全问题。

有必要的时候，

**还可以给小猫咪开电视
或播放柔和的音乐。**

最好是《动物世界》大猫教学片。

**4**

**另一只猫？劝你慎选！**

不是每只小猫咪都能接受新成员加入。
有时候小猫咪们不但没有互相陪伴，
反而让彼此**徒增压力。**

新成员还会给小猫咪带来资源和空间的竞争。

总之，

只要室内**够有趣，**
小猫咪自己在家一整天
**也可以很开心。**

当然，不要忘了，
**小猫咪最在乎的……**

我回来啦！

这么晚才回来。

永远是

想死我啦！

猎物的毛都
没带回来。

铲屎官你啊！

人类果然没
我们不行。

么么么！

所以，铲屎官
为了**小猫咪，**
努力赚猫粮吧！

# 小猫咪如何判断家里谁是老大

你有没有发现，
**小猫咪其实对家里的成员**
（无论猫、狗，还是其他人类）
**都有着不同的态度和偏好。**

比如，
有的人**铲屎、铲尿、赚猫粮**，
累秃了头，操碎了心，

> 怎么拉这么多？

小猫咪却对他
**爱答不理。**

> 嗖嗖嗖，就亲一下。

> 毛！

而有的人
**平时好像什么都没做，**

> 又在玩游戏。

小猫咪反而
**和他更亲近，甚至更听他的话。**

> 嘤嘤嘤……

而这一切可能都是因为：
**不同成员**
**在它们心中的地位不同。**

于是问题来了：
小猫咪是如何**做出判断**的呢？

> 为什么这样？

## 真相感人

首先要明确的是，

**小猫咪是社会性动物，**

在自然群体中生活时

**是有一定的等级划分的。**

它们不但能知道群体中

谁是老大，

还对自己的地位有所认知，
只有这样才能和平相处。

让你看看谁是老大！

如果猫没有找到自己的位置，则会处于争斗的不平衡
状态，多猫家庭在新猫到家的时候也会面临这个问题。

有行为学家认为，

**在家猫眼中，**

不同物种之间的区别不是很大，
成员较多的家庭
**也有类似的地位划分。**

李小孩儿亲妈　李小孩儿　赵大童　寄宿小狗

而判断谁是老大，
小猫咪主要看以下几点。

## 1
## 谁武力值最高

在猫群中，
"猫老大"的江山都是靠实力得来的，
**谁打得赢谁是老大；**

老大

在家庭成员中，
小猫咪也会做出自己的
**综合判断。**

表情包怎么还没出！

嘤嘤嘤……

老大

## 2
### 谁拉屎不埋

"猫老大"可能会故意不埋屎，
以此强调自己的地位，
而埋屎的多半是小弟。

所以，
铲屎官的地位
可能从名字就决定了……

拉屎不埋的原因比较复杂，比如太早离开妈妈、不喜欢猫砂的质感等，需要具体分析。

## 3
### 谁更主动"贴贴"

猫群中，
一般都是小弟主动上前迎接老大
并尾巴上翘表示欢迎。

地位较低的小猫咪会更频繁地竖直尾巴并主动上前"贴贴"，
而地位较高的小猫咪会接收到这个"示弱"的信号。

家庭成员中也是如此，
想想更主动的是谁？

如果你回家的时候小猫咪竖直尾巴迎接你，
说明你的地位有所提升哟。

## 4
### 谁先吃饭

在猫群中，
先享有食品处理权的
基本都是老大。

在人类这里，
也可能被套用。

## 5
### 谁带食物回来

猫群中经常带食物回来的成员
**捕猎能力更强，**
往往低位也更高。

所以，
**你家带食物回来的是谁？**

## 6
### 谁睡得晚

在猫群中，
**睡得比较晚的**
一般都是承担守夜任务的、
地位比较低的成员。

所以，
熬夜不但会掉头发，
还会掉"排名"。

## 7
### 谁站得高

猫群中的老大
**会站在领地中最高的位置，**
以便观察统治领地。

这个咱比不了，
**放弃吧。**

夸"朕"！

老大

＊有机会毛毛会详细讲讲。

以上就是小猫咪
对**家族成员地位**的基本判断了，
所以你现在知道
**自己排第几了吗?**

排最后……

## 8
## 年长或年幼

长者和幼崽
**在猫群中的地位比较特殊，**
属于被尊敬或保护的一类。

不过需要明确的是，
**无论是第几**
都是"奴仆"之间的争夺罢了，

毕竟真正的
**老大**
只能是——

但小猫咪
对人类中的**老年人和幼童**的判断
尚不清晰，
不能简单挪用。

**小猫咪呀。**

## 从 11 个动作看小猫咪是真的爱你，还是混口饭吃

"5·20"这天除了人类互相示爱，不少铲屎官也对小猫咪进行了各种花式示爱。

我们对小猫咪的爱说也说不完，那小猫咪对我们的爱有多少呢？不会只是混口饭吃吧？

李小孩儿：你最爱我了对吧？
毛毛：你猜。

今天就跟大家分享
小猫咪的行为中
到底哪些是在说爱你？

### 眨眼

大眼睛是小猫咪的卖萌利器，也是爱心输出的主力军，现在大家的一个共识：小猫咪对你慢慢地眨眼睛，就是在对你表达爱意。同理，我们也可以慢慢眨眼回复它们哟。

《如何说猫语：解读猫语指南》的作者 Gary Weitzman 表示："缓慢地眨眼实际上是一种接受的姿态。猫表示和你在一起很舒服的时候才会这么做。"

好吧，对我们工作的肯定就约等于爱我们了……

### 打呼噜

这是小猫咪表达爱意最简单直接的方式啦，不管是被抚摸的时候，还是只是简单的眼神交流，只要它们觉得开心满足了，就会呼噜呼噜个不停。有的小奶猫在 1 周大的时候，就已经会这项技能了。

**备注：**不是所有的呼噜声都是表示小猫咪高兴，当身体不适时，它们也会通过打呼噜来缓解身体焦虑。

### 爱你就要舔舔舔！

小猫咪每天都会花费大量的时间梳理被毛，多猫家庭里，关系好的小猫咪也会互相舔毛，它们通过这种方式来表达爱意。所以爱你就要舔舔你，顺便给你标记上自己的气味！

除了"舔舔"，还有爱的"啃啃"和"咬咬"。相信有不少铲屎官体会过小猫咪在你手上轻轻的啃咬，遇上下口没什么轻重的小猫咪，真的是爱并痛着。

### 在你身上踩奶

这个行为在小奶猫里比较常见，当然也有不少成年猫对着柔软的珊瑚绒毯子踩奶，毕竟触感太好了呀。

如果小猫咪在铲屎官身上踩奶，则说明它现在非常放松，感到满足并对铲屎官充满了爱意，就像小时候在猫妈妈身边一样。当然，也有可能是对着衣服布料过过爪瘾……

### 送你猎物或者玩具

小猫咪虽然体型小小的，但还是货真价实的食肉动物，因此，当它们愿意与你分享猎物的时候，就真的是非常爱你了。

有机会能去室外的小猫咪，就会给铲屎官们带回一些特殊的"礼物"：老鼠、小鸟、壁虎甚至小蛇。而在室内的小猫咪，就会通过送给你它最爱的玩具，来表达它们的爱意。

不管是哪种，铲屎官都要好好向小猫咪反馈你的开心与满足呀。

### 蹭来蹭去做标记

当小猫咪爱你的时候，就会在你身上做标记，通常是用脸颊、额头在你身上蹭来蹭去，将自身气味留在你身上，这样你出门的时候，别的小猫咪就会知道你是有"主子"的了。

有的小猫咪喜欢用爪子摸铲屎官的脸，除了吸引注意力，也是表达爱的一种方式。还有一些小猫咪太过热情，围着铲屎官的腿转圈，蹭来蹭去，以至于把铲屎官绊倒。

> **备注：** 这也是为什么不少人捡猫的概率特别高，因为碰瓷的小猫咪从你身上的气味里知道你家里有个生活得很好的同类，于是以为这个铲屎官很靠谱！

### 在你身上睡觉

小猫咪每天大部分时间都在睡觉，在户外为了自身安全，它们会找一个自己觉得安全可靠的地方睡觉。因此当你家小猫咪喜欢在你身上睡觉的时候，就是因为觉得你是它安全的避风港，完完全全地信任你，这也是爱的直接表达。

## 喜欢霸占你的衣服

不少铲屎官反映，自家小猫咪很喜欢睡在自己的衣服上，特别是穿过的！原因还用说吗，当然是因为衣服上都是你的气味呀。爱你的小猫咪觉得睡觉时被你的气味包围就有安全感了。

> **备注：** 在你衣服上磨爪子，也是小猫咪标记气味的方式，以时时刻刻向别的猫宣告对你的"所有权"。至于如何保护好自己的外套，除了按时给小猫咪剪趾甲，就只能收好衣服咯。

## 在门口迎接你回家

小猫咪的听觉很灵敏，它们能分辨脚步声或汽车发动机声，来判断是不是自家主人回来了。

当你打开家门的时候，看到小猫咪在门口等你，内心就会被爱填满，虽然下一秒它可能就会火速跑到自己的饭碗附近，喵喵叫着让你给开罐头。

## 跟随你走来走去

你家小猫咪是不是你走到哪里都要跟着你？甚至是去上厕所的时候都要盯着你，生怕你背着它偷偷吃了什么……

时不时看看你，洗澡的时候也会在门外等着你，其实它们就是想多看看你而已，如果这都不是爱那什么是爱！

## 用屁股对着你

猫妈妈都会舔小奶猫的肛门以助其排便。因此，对你亮出肛门代表小猫咪把你当成妈妈了。这个时候，实在不知道怎么应对的铲屎官，就捂脸假装睡觉吧……

除了以上这些动作，在你面前翻肚皮、对着你一直喵喵叫、用尾巴蹭你、挡在计算机 / 手机前面等行为也是小猫咪表达爱的方式。

总之，方法不一、后果不同，几家欢喜几家忧。但不论哪种，铲屎官都要好好回应啊！

除了要表现出自己的感动外，还要好好反馈一下你的爱，"抱抱亲亲举高高"可以有，努力赚钱买更多的猫粮也不能少！

## 06

# 怎么能让小猫咪认识到
# 自己错了并改正

我发现大家都很关注一个问题，
那就是：

**如何让小猫咪
认识到自己的错误并改正呢?**

此为人类假想图。

很多人都忽视了一个问题——
**小猫咪怎么会知道自己哪里错了呢?**

当小猫咪"犯错"时，
**你以为的** *正确教育*
是这样的……

当你回家时发现小猫咪又

尿在床上了，

于是把小猫咪带到"案发现场"
**指认罪行，**

甚至进行适当的行为教育，
比如，
**杀"鸡"儆猫。**

尖叫鸡

于是，
在你的逻辑里
这场 "纠正错误" 的教育就完成了，
小猫咪从此一定会
**深刻反省并绝不再犯。**

也确实有些小猫咪在这个过程中表现得
**"很愧疚"。**

如若不改，
就表示它
**是只坏猫！**

**等等！**

小猫咪有看似愧疚的表现，
只是表示小猫咪对你的怒气惊慌失措，
在回避你的眼神而已。

而将人类的视角
**套用在小猫咪身上，**
才错了！

其实，
**在小猫咪看来**
事情是这样的……

当时，
它正在懒洋洋地晒太阳，
**突然被你拽到房间里。**

发现小猫咪"罪行"时，它往往已经离开
事发地，不能抓现行，就无法第一时间产
生关联认知，是无效指认。

然后，
**"两脚兽"开始叽哩哇啦乱叫一通，**

此时离"案发"时间已经过去很久了，小猫
咪记忆可能已经不是特别清晰了，也不知道
你在说什么。

甚至出现某些
**怪异行为。**

此时铲屎官往往动作夸张，让小猫咪有些被
吓到而产生眼神回避，但其实是源于压力而
不是愧疚。

到此，
敏感的小猫咪确实已经知道
**你生气了，**
**但并不知道是为什么，**
于是小猫咪只能——
**靠猜！**

"是嫌我昨天用她杯子涮爪子了？"

### 现在你明白了吗？

虽然我们和小猫咪很亲近，
但无论是语言、理解能力还是思维逻辑，

**都不完全相通。**

"还是怪我把吊床压塌了？"

大多时候，我们所谓的
"纠正"都是自以为是。

毛。 哇啦哇啦……

"哦……明白了，是嫌我在床上尿了。"

更糟糕的是，
这还会给小猫咪带来心理压力，
它可能一次又一次地重复
**"会让你开心"的做法，**
但可能都猜错了……

毛。

"换个地方尿就好啦。"

我已经换了
这么多做法

为啥她还是
不满意

有些小猫咪并没有人想象得那么"聪明"。

甚至有些人
反而打着**"仁至义尽"**的旗号，
将小猫咪——

因为小猫咪犯错不改，而将它们
抛弃的人也不少。

所以不要再用你的逻辑
去理所当然地要求小猫咪啦。
况且很多时候，
**真的不是小猫咪的错。**

正确的做法是：
消除会让小猫咪"犯错"的因素，

**好好维护小猫咪的如厕环境，**
**固定好易碎品，**

并在它"做对"的时候
第一时间夸奖它，
多次之后有可能形成
**"正面联想"。**

但即便小猫咪没能改正，
**也请不要苛责它们。**

它们只是
智商只相当于两三岁小孩，
呆呆的、
**弱小、可怜又无助的**
小猫咪啊。

## 小猫咪生气了，铲屎官应该怎么做

一级警报：
我们的小猫咪生气了！

原因嘛……
无外乎是你又给小猫咪
**强制喂药、洗澡、**
吵架，
或者以帮它减肥为由
**克扣它的罐头。**

于是小猫咪变得气呼呼的，
并决定不搭理你。

其实小猫咪是被事件本身或你的反映
吓到，需要自己冷静一下，并不是我
们人类理解的生气。

感情瞬间破裂，
你也悔不当初，
**但怎样道歉认错才能**
*哄好小猫咪呢？*

**我错了**

下面就教大家几招，
**最后一招非常管用哦！**

**先跪为敬**

## No.1

接下来的几天里，
用**"谄媚"**的声音跟小猫咪说话。

听起来越肉麻越好。

小猫咪很喜欢高频、轻柔的声音，所以当它情绪不好时，请尽量用温柔好听的清亮女声跟它说话。

## No.2

迅速处理**"作案工具"**，
打扫**"案发现场"**。

作案工具

让小猫咪生气的东西，赶紧藏好了，千万别让它再看到！如果是某个地方的东西掉落吓到它，最好把东西移开或打扫干净，别再让它看到，产生不好的联想。

## No.3

好好抚摸它，
最好来个**全身**"SPA"。

爱的抚摸有时远胜于一切。当小猫咪不太拒绝你时，可以先从它的耳朵、下巴等部位开始爱抚，并温柔道歉。如果它接受良好，再顺势来个全身按摩。

## No.4

假装不在意，
**"欲擒故纵"**。

以后再也不凶你了。

毛。

可以给小猫咪冷静的空间，安顿好一切之后做自己的事情就可以了。不好的印象变淡后，小猫咪自然就会原谅你，又想来黏着你了。

**No.5**
奉上"贡品"，
把好吃的都拿出来。

没有小猫咪能拒绝喜欢吃的东西，除非它依然处于极度愤怒、紧张的状态。那时可以把好吃的留下，你远远地观察即可。

如果家里的"贡品"
**都无法熄灭小猫咪的怒火，**
那只能使出最后一招！

准备更多
"贡品"！

# 最容易被人类误解的小猫咪表情

对人类来说，
识别**面部表情**是基本的技能，
就算是社交恐惧症患者，

李小孩儿！

……不对劲。

比如李小孩儿。

也能从别人的表情来判断
**对方目前心情如何。**

表情包第二弹呢？

溜了溜了。

但作为铲屎官，
人类在判断**小猫咪表情**上的

看起来心情不错，可以。

**成绩却差得离谱。**

毛！

毛毛：走远点儿！

看小猫咪脸色这件事，
**人类真的很差劲。**
因为我们总是从人类的角度
猜小猫咪的心事。

呜呜呜……为什么？

而**最容易被误解的小猫咪表情**
就是下面几个。

看看你有没有误会过。

## 飞刀眼

**人类视角**

生气　不开心
鄙视　冷漠

**小猫咪内心**

满足·　·放松
有安全感　好舒服

眼睛半睁半闭，耳朵、胡子甚至全身都处于
放松状态，是小猫咪充满安全感的表现。

## 睁大双眼

### 人类视角

卖萌　可爱　装可怜

### 小猫咪内心
则可能是：

惊　恐

如果搭配压低的耳朵和蜷缩僵直的身体，
说明小猫咪真的被吓到了！

或者——

专注　出击

如果搭配直立的耳朵和蓄势待发的动作，说
明小猫咪对眼前的猎物精神高度集中，就要
冲过去了。

也可能只是因为

光线太暗

---

小猫咪的瞳孔会像相机光圈一样随着光线的
明暗变化，光线不足时其瞳孔会扩大，以接
收更多光线。

## 打哈欠

### 人类视角

太困了　无聊

一定是对面前的事物不感兴趣吧。

而且这一个表情
**还经常被人类用作各种表情包。**

比如：

哈哈哈

要吃东西

### 小猫咪内心
其实只是：

吸氧
振奋精神　调整状态
调节情绪

恰恰是准备
**随时捕猎、大干一场**
的意思。

这时请千万不要停下手里的逗猫棒。

## 转移视线

犯错误被骂的时候，
小猫咪大多会做出这样的表情。

### 人类视角
向旁边转头表示——

不服
走神

哼
下次还敢

向下低头表示——

我错了
呜呜呜

真心悔过
我只是小猫咪

### 小猫咪内心
此刻只是想——

逃避
在说什么

行了不跟你争
有点儿可怕

在小猫咪的世界里，转移视线是为了避免冲突，还可能是被你的大喊大叫吓到，但并不知道哪里做错了。

## 怒发冲冠
发出"嘶——""哈——"的声音。

### 人类视角

王　者

攻击性
打一架

甚至觉得这样的小猫咪一定很厉害。

### 小猫咪内心

我超

凶的

但是

我是　　　装的

毛发竖立成刺球是为了让自己身体显得更大，加上发出"嘶嘶"声是虚张声势想把对方吓走，这些都是被动的防御姿态。

小猫咪这时候
**内心承担很大压力，
自己吓得不行，**

其实很害怕。
这时候需要给小猫咪空间让它远离压力来源。

**所以这些小猫咪表情，
你认对了几个？**

其实，
人类确实在辨识小猫咪表情方面
**成绩很差！**
毕竟，
在大多数人类眼中，
小猫咪的**喜怒哀乐**
都是这样的……

| 开心 | 生气 | 嫌弃 |
| 鄙视 | 骄傲 | 伤心 |
| 满足 | 失望 | 要打人 |

而这其实并不能怪人类，
**因为表情**
其实并不是
**小猫咪常用的表达方式。**

不能怪我。

小猫咪的表达方式要复杂得多，
除了**面部表情，**
**声音、身体姿态、尾巴，**
甚至是**气味**和**信息素**
都是能用于表达。

尿液中的信息素只有小猫咪才能读取。

所以，**小猫咪的世界**
可是人类无法想象的丰富呢。

这是为无表情找理由吧。

不过也有研究显示，
主人普遍对自家小猫咪的
**积极或消极情绪**
有比较准确的判断。

毛！

据说关系越亲密越能准确判断小猫咪的积极情绪。

总之，为了和小猫咪好好相处，劝大家
**好好学习、科学养猫。**

下次见。

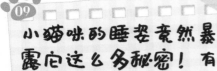

# 09

# 小猫咪的睡姿竟然暴露了这么多秘密！有一种需格外警惕

每次看到小猫咪
**睡着的样子，**
铲屎官都会忍不住发出这样的疑问……

为什么有的小猫咪
**能睡得如此可爱，**

睡美猫

有的就这么……
**奇怪呢？**

其实，
**不同的睡觉姿势**
**暴露了小猫咪很多秘密哟，**
有的关乎心情，有的关乎健康。

现在，
毛毛就为大家揭开小猫咪
睡姿的惊天秘密吧！

## No.1
## 趴卧式

小猫咪可能有点不安哟。

趴卧式是小猫咪虽然闭着眼睛，但耳朵竖起，肉垫紧贴地面，随时都可以站起来并走开的姿势。
这表示小猫咪对周围环境保持警惕，并没有完全放松，或者只想闭目养神而已。

## No.2
## 揣手式

揣手式是小猫咪想打个盹儿，或者感觉脚有点儿冷时常用的睡姿。

小猫咪身体蜷缩，脚放在身下，没有那么紧张，也没完全放松，小睡时常用该姿势，可能会随时醒过来。室内温度有点低的时候，小猫咪也会用这种保暖的睡姿。这种姿势被称作"猫吐司"。

## No.3
## 团子式

睡成一个完美的球形，
似乎是"喵星球"的某种神秘仪式姿势。

团子式是将身体缩成一个球，并且将头靠在脚上，将最脆弱的肚皮藏起来的姿势，是性格比较谨慎内向的小猫咪比较喜欢的睡姿。另外就是……可能因为天气有点儿冷！胖猫慎用……

## No.4
## 装箱式

谁也别想打扰到我……

狭小和四面封闭的空间会让小猫咪觉得很安全，让小猫咪忍不住钻进去睡上一觉。多猫家庭或是家里有小孩时，小猫咪大多会选择这样的睡姿。同时这也是小猫咪是"液体"的重要证据之一。

## No.5
## 扑街式

好舒服，可以放松地呼呼大睡了……

四肢尽量伸展开，趴睡或者是侧卧着，露出一侧肚皮，代表小猫咪已经睡得很熟了。这种姿势还能让身上的热量散发得更快些，是天热时小胖猫们经常选择的睡姿。

## No.6
## 坦诚相见式

整只猫摊开——
你就是我最信任的人！

小猫咪露出最脆弱的腹部，甚至睡到打起小呼噜，干什么都不会打扰到它，那么无论是环境还是人，对它来说都充满了安全感，完全不用设防。小奶猫或特别心大的小猫咪多会采取这样的睡姿。

备注：但这个时候戳猫肚子，大多数小猫咪还是会生气的。

## No.7
### 没脸见人式

其实只是为了遮挡光线而已，
但为什么可以这么萌！

个人最喜欢的小猫咪姿势之一，简直太萌了。
但实际上只是小猫咪觉得阳光刺眼而已，有
些小猫咪为了挡光，还会一头扎进铲屎官的
臂弯里。

有些小猫咪还开发出了
直接用脑袋贴着地的进阶版姿势……

磕头式

## No.8
### 悬挂式

被小猫咪评为最舒适的睡姿！

悬挂式是身体挂起来，让四肢自然垂下，看
起来就像是在树上休息的豹子的姿势。这种
睡姿其实非常放松，是小猫咪的舒适睡姿！

## No.9
### 拟人式

枕枕头，盖被子，"葛优躺"！
已经逐渐"人化"。

有些小猫咪睡觉的姿势和人类差不多，其实，
小猫咪只是用自己认为舒服的姿势入睡罢了。
但是有研究显示，小猫咪会跟自己最亲近的
兄弟姐妹保持一样的睡姿。这可能意味着，
我们就是它最亲近的人吧。

## No.10
### 母鸡蹲

可能是身体不舒服的信号！

母鸡蹲是小猫咪身体紧张地蜷缩，用四肢爪
掌紧贴地面，甚至向后弓背，闭着眼睛却并
没有睡熟的姿势。这种姿势可能是小猫咪不
舒服的信号。这个时候需要仔细观察小猫
咪，如果有呼吸急促、轻轻碰触会躲闪或
者表现得痛苦、长时间不放松，甚至精神萎
靡、食欲下降等症状，就需要咨询医生了。

备注：母鸡蹲并不一定是猫传腹，但确实是小猫咪
不舒服的表现之一。

## No.11
## 秀恩爱式

怎么睡都没关系，
就是要睡在你身边！

小猫咪只有睡在你身边才最安心，没什么可
解释的，就是爱你啦！

以上就是
**小猫咪的 11 个常见的睡姿。**

当然，
这远远无法涵盖小猫咪
**所有的睡眠姿势。**

毕竟，
由于小猫咪的独特属性，
**太多奇怪睡姿根本无法描述。**

睡到头掉

总之，
小猫咪想怎么睡就怎么睡，
**谁让它们是"液体"的。**

而最重要的是，
它们可以
**想什么时候睡，就什么时候睡，**
**想什么时候起，就什么时候起。**

整天都在睡。

准备出门
打工

小猫咪每天花 15~16 个小时来睡觉，
占一天时间的 2/3 哟。

## 人类
……你呢？

毛。

END

## 和小猫咪一起睡
## 必须注意这几点

入冬后，
**相信幸运的铲屎官**
经常和小猫咪一起睡吧。

快来呀——

......

我原本以为
这是生活里
**最大的幸福。**

（除了干饭）

Z Z

没想到睡了一阵子才发现，
有些细节必须注意

以下问题
你遇到过吗？

明明睡得好好的，
醒来却发现
身上多了好多条道儿……

怎么回事？

但是问了一圈也没猫承认。

是不是你干的？说！

毛！

有时被攻击时甚至是清醒的！

好了好了我不动……

毛。

*感动吗？不敢动……

### 第二种

**化学攻击**

这种攻击比较少见，
但足以"致命"！

特别是出现这种情况时……

*＊实际上可能是静音的。*

简直
## 太臭了！

*＊如果次数频繁，建议带小猫咪看看消化系统。*

与之相比，口气攻击、
屁股怼脸都不算啥了。

### 第三种

**魔法攻击**

这种攻击不是最"致命"的，
却容易带来极大的精神伤害！

比如，
小猫咪一晚上反复要求进出被窝，

干啥去？

踏实睡吧，第 8 趟了！

*＊小猫咪起夜频繁，绝不只是尿尿而已。*

导致你睡眠不足，第二天
工作无法专心，
被家长训斥、被老板开除、
从此睡桥洞，
走入人生低谷……

更可怕的是，
有时它们还会让你魂都被吓飞……

结果只是**虚惊一场**。

*热知识：小猫咪进入深度睡眠不容易醒，但其实是睡眠质量好、信任你的反映。

总而言之，
睡过之后才知道，
原来和猫一个被窝
**也不全都是幸福的啊。**

*想多了，155厘米，90斤（45公斤）不到，谁都压不死。

那以上问题
**怎么解决呢？**

睡过才知道，
**不是你离不开我，
而是我不能没有你啊！**

# "猫爪在上"原则，到底是怎么回事

不知道你有没有听过：

听没听过没关系，
但你一定见过——

没错！
所谓"猫爪在上"
就是指——

小猫咪的爪爪
**必须永远置于铲屎官的手之上，**
**没有例外！**

## 可是这到底是为什么呢？

可能是因为，
**小猫咪的爪爪太珍贵了吧。**

**猫爪**
是小猫咪用于 **捕猎**
以及**攻击**的重要部位。

所以在任何时候，
**其爪爪都不能被控制住。**
这一点可能 深深印在小猫咪脑海中，
一代又一代。

另外，
**小猫咪的爪垫很柔软，**
它能轻易感觉到是否受到压迫。

这时，
小猫咪会非常敏感地知道
自己的动作可能不再顺利，
**必须纠正它！**

还有一个**重要原因，**
不如换位思考一下……

＊你的脚被巨大生物体踩住是什么感受……

任何人都不愿
**莫名其妙被对方踩脚吧！**

竟敢踩我鞋！

综上所述，这就是
**"猫爪在上"的理由！**

学会了吗？

不过，
其实小猫咪愿意重复"猫爪在上"这个动作
是好事儿，
也算是和你**比较亲近**的表现。

＊幼稚！

对你**没有耐心**的小猫咪。
在你第一次碰它爪子时
**可能就缩回去了。**

说好的玩"猫爪在上"呢？

＊才没工夫陪你玩！

但也有少数小猫咪，
**即便按住它的小爪子，**
它也不会生气不会动。
这代表小猫咪不仅完全信任你，
**性格也很好呢！**

**一定要珍惜啊！**

成功！

？

＊也有智商过低和反应速度过慢的可能。

# 5个细节看出小猫咪之间是不是真朋友

小猫咪之间
**也有友谊吗?**
当然有!

实际上,
只要**资源和空间**足够,
小猫咪也愿意**分享领地**。
这一点其实
**从小猫咪接受和人类共处一室**
就可以看出来。

喵~

是的,它们可能
只是把你当作奇
怪的室友。

但并不是说,
**只要能共处一室不打架,**
就是好朋友。

毛毛和干饭宝关系好好啊。

有些小猫咪室友
看起来**相安无事**,
但私底下可能**暗流涌动**。

走开,这是我的风景。

我才不要。

所以,
小猫咪之间到底是
**真朋友、室友**,还是**"塑料朋友"**?

要看以下几个细节。

## 1
### 看血缘

**亲兄弟姐妹**

有行为学家发现,
**有血缘关系的小猫咪**
亲密的举动更多。

另外,从小一起长大的小猫咪,感情也更好。

## 塑料花强组 CP

两只小猫咪如果先后入住一个家庭，
则需要更多时间
**才能接受彼此的存在。**

小猫咪能够接受分享资源就很不容易了，
亲密无间是种奢求……

## 2
## 看睡觉距离

### 真友谊抱着睡

**睡觉**属于小猫咪的**私密行为**，
只有**真正亲密的朋友**
才能一起睡觉。

对铲屎官也是如此，和你睡是殊荣。

### 普通室友同床异梦

关系一般的小猫咪，
虽然有可能会分享一张"床"，
但会刻意保持安全距离。

其实是一种奇妙的平衡。

## 3
## 看蹭哪儿

### 好朋友蹭彼此

小猫咪之间的蹭蹭，
除了是**身体接触**外也是一种标记。

**好伙伴**会经常蹭蹭，
**互相交换气味。**

### 普通室友蹭物品

互为室友的小猫咪蹭的大都是
**家里的物品，**
其实就像是在说：
**这个是我的，那个是你的。**

别傻了，铲屎官也是它们的"物品"，要合理分配。

## 4
## 看互舔瞬间

### 真朋友互舔

舔毛是小猫咪重要的社交行为之一，
互舔除了互相清洁，
**还能增进感情，**
说明认可彼此的地位。

你舔舔我，

然后
我舔舔你。

**"塑料朋友"互舔变互殴**

舔毛也是有社交礼仪的，
一般是地位高的小猫咪为地位低的舔毛，
一旦**关系一般**且规则被打破，
就可能会**打起来！**

你舔舔我，

然后
打起来了……

## 5
## 看同步率

### 真友谊 80% 同步

小猫咪之间如果关系够好，
**也会产生行为趋同现象。**
似乎干什么都同步，
甘愿当彼此的影子。

喝水同步

舔爪同步

打哈欠同步

睡觉同步

而
**普通室友小猫咪**
只有
**欺负铲屎官同步。**

看到这里，
也许还有铲屎官会问：
如何才能让小猫咪之间的
**关系得到改善，**
甚至从"塑料花"升级成**真友谊**呢？

其实，
只要做到以下几点，
让小猫咪**成为朋友**还是有希望的……

> 1. 资源足够：罐头够吃，厕所够用。
> 2. 铲屎官不偏心。
> 3. 空间配备合理。

但想要它们
真的**相亲相爱**就要……

**靠缘分了！**

然而，
想让**小猫咪的友谊破裂**，
却非常容易。
有时候只要……
**洗个澡就可以了！**

刚洗完

洗澡会让小猫咪自己的味道改变，
对其他猫和自己来说约等于变身。

**你家小猫咪之间的关系**
是哪一种呢？

## 和小猫咪打招呼的正确方式

第一次跟陌生的小猫咪见面，
该怎么打招呼呢？

**首先是错误示范：**

不 行

上来就强亲、

"么么哒"！

毛！

摸肚皮，

哎呦！

咪！

最后，小猫咪生气了……

毛了呱啦嗷呜哧！

\*人类，你们礼貌吗？

**正确的方法如下！**

该方法不但符合"喵星球"的礼节，
还能让小猫咪一见面就喜欢上你！

还特别适合教给
来你家看猫的朋友和身边的小朋友，
出门"绑架"小猫咪的时候也很实用！

### ≫ 第一步 ≪

请**轻轻走过去**而不是跑过去，
不然会吓到小猫咪。

### ≫ 第二步 ≪

在小猫咪旁边蹲下或坐下，
避免居高临下给小猫咪压迫感。

初次见面，拜个早年？

＊这个姿势也行。

### ≫ 第三步 ≪

把手轻轻伸过去，
**把食指指节放在小猫咪口鼻旁边。**

＊动作不要太快、太夸张。

### ≫ 第四步 ≪

观察小猫咪的反应，
**如果它轻轻用小鼻子嗅一嗅，**

没有逃走，
甚至还能蹭蹭你的手，

就说明它不讨厌你,
甚至对你有些喜欢或者好奇。

你还可以用手喂它一些小零食,
这样能够更快增进你们的友谊哦!

>> 第五步 <<

然后你可以从小猫咪头顶开始向后摸,
先摸到腰部,
如果它没有抗拒,
还可以一直摸到尾巴根部。

当然,
就算按以上步骤做,
也有可能得不到认可,
那让小猫咪自由逃走就好,
不要穷追不舍!

呼噜

呼噜

那么第一次交友成功!
从此你就是它新的"猫奴"了!

嘤嘤嘤,小猫咪别走!

难道今天没看"猫历"?

毛。

★其实是今天的小鱼干没给够啦。

别气馁,调整好心情,
下次再来吧!
记得还要从头开始呀!

# 小猫咪为啥喝水前涮爪子

你家的小猫咪也会这样吗？

一开始，
我还以为这只是
**它故意气我才这么做的，**
结果发现
它的"洗脚盆"不止 **我的水杯**……

**在水碗里，**

别的小猫咪也不爱喝你的洗脚水啊！

**在鱼缸里，**

**在水龙头下**……

带着困惑与愤怒，
我们教训了毛毛一顿，
然后它爽快交代了原因……

人家是有原因的！

小猫咪喜欢涮了爪爪再喝水，
理由原来这么多，
**还都是你的错！**

最重要的理由：
**水碗本身不对。**

小猫咪这样做，
可能是因为不想低头喝水
而 **让胡须碰到水碗，**
也就是说，
你准备的水碗太小了！

这还有个名词，
叫**须晶疲劳** (Whisker Fatigue)，
就是因为胡须接受信息的频率太高了，
**小猫咪压力很大，**
会避免继续压迫胡须的行为。

所以小猫咪只能用**爪子蘸水喝**咯！

又不是给你用的！

水杯口太小，
不开心。

最搞笑的理由：
**小猫咪眼神不好。**

小猫咪的 眼神不够好，
辨识颜色的能力又弱，

如果水碗的颜色
**无法让水位线很清晰地显现出来，**
不就得 用爪子先试试水位 吗？

换个颜色鲜艳的水碗并且加满水试试。

最令小猫咪头疼的理由：
**水碗位置不对。**

如果水碗摆放的位置
**太靠墙甚至卡墙角，**
那么小猫咪需要头顶着墙才能喝到水。

你是故意跟"朕"作对？

这时它就会用爪子
试图把水碗扒拉出来一点儿，
**其实不是涮爪爪啦。**

只是看起来很像涮爪爪。

最不容反驳的理由：
**就是开心、就是玩！**

有些小猫咪只是因为**太无聊**了，
所以，很喜欢用小爪子
**扒拉水龙头、饮水机的流动水，**
或者干脆 **拍打水面，**
**造成水花四溢的效果。**

啊！我刚拖的地！

说到底，
还是因为**家里太无聊了、**
**玩具太少、**
**铲屎官陪玩也不到位！**

不过，**经常涮爪子**
对爪爪和水其实不好。
爪子总湿漉漉的，
很容易滋生细菌，**感染趾间炎。**

这下不爪"贱"了吧！

被污染的水里，
**落下太多灰尘、猫毛，**
其他小猫咪也不爱喝了，
**会造成喝水减少呢。**

所以，如果你家小猫咪
也有喝水前涮爪爪的毛病，
**还是要尽快解决啊！**

10个超大高级彩色喷泉水碗
还不准备起来？

## 小猫咪睡觉为什么捂着脸

当看到小猫咪这样睡觉时……

还有这样……

这样……

你会不会在被 **"萌死"**

太萌了　　可爱

亲醒它

和

**不理解**两种思维中，

没脸　　为啥

见人？　捂脸？

*反复横跳。*

后来翻阅了好多资料才知道，

原来小猫咪喜欢捂脸睡觉
**不是因为没脸见人，**
也不是为了装可爱。

理由么……
大概有以下**几个猜想。**

说到底你也只能靠猜！

## 1
### 环境太亮了

小猫咪喜欢在**温暖的环境下睡觉，**
但同时又**不喜欢刺眼的光线，**
这让它们每次到明亮的场所睡觉时
都会十分矛盾。

小猫咪也太事儿了吧！

所以，
每当在这种情况下睡觉时，
它们就会
**手动遮光。**

就相当于
自己给自己**戴了个眼罩**吧。

## 2
### 太没安全感

一些小猫咪睡觉时
**会相对没那么放松。**
它们会本能地采用
**"头部保护姿态"** 来睡觉。

这得有多大的心理阴影啊……

## ∃

### 刚好而已

有时小猫咪在睡觉过程中 **舔了下毛，**
或恰好伸了个懒腰，

然后就保持爪爪在头上的姿态，
**刚巧爪爪搭在了脸上而已。**

"树懒"。

## 4

### 小猫咪喜欢

小猫咪睡觉的姿势 **千奇百怪，**
捂脸睡觉当然是因为 自己喜欢啊，
**要你管！**

> 这……都能睡。

当然，
还有一种可能……

> 太丑了，不想看……

现在你知道原因了吗?

## 16 小猫咪为啥喜欢坐在我身上

小猫咪有多少
**表达喜欢人类的方式？**
对此，
我的朋友总是很"凡尔赛"。

我家猫可喜欢我啦。

它总是黏着我，
**尤其喜欢坐在我身上。**

一刻也离不开我！

就是个坐垫。

那可不一定哦。

小猫咪喜欢坐在人身上，
可不只是因为**喜欢你而已哦。**

很多小猫咪喜欢坐在人身上，
无论你是**坐着还是躺着。**

啊，我的腰……

一方面，这样做的小猫咪
**确实对你很信任，**
它觉得你很可靠。
**所以，不要动！**

唔……快被
压塌了。

有时，小猫咪跳上你的腿，
**是为了跟你建立联系。**
也就是说，此时它不仅想坐着，
还想你——

毛。

## 摸摸它、

## 亲亲它，

## 甚至和它说说话。

★小猫咪对人类发出喵喵声是有所要求的意思，
你要尽快想想它要你做什么哦。

一些小猫咪喜欢坐在你身上，是因为

## 你暖和。

人的腿一般很温暖。

研究还发现，
小猫咪是否喜欢坐在人的身上，
跟衣服的材质有关！

如果你穿着一件柔软的
**纯棉衣服、羊毛大衣或者浴袍时，**
小猫咪就会倾向于坐在你身上。

甚至因为某件衣服**柔软又有你的气味，**
哪怕你不穿着它，
**小猫咪也会喜欢坐在它上面。**

但如果你穿一件
**冲锋衣或防水服······**

那么小猫咪可能就**离你而去**了。

当然，
不是所有的小猫咪
**表达亲近的方式都一样。**

所以，
如果你没有变成"猫坐垫"，
**也不要太灰心。**

### 小猫咪 A

喜欢坐在人身上，
**但不喜欢被摸。**

### 小猫咪 B

不喜欢坐在人身上，
**但任人摸。**

但是！
如果小猫咪**选择了你当"坐垫"，**
无论原因是什么，
作为一个合格的铲屎官，
**肯定知道接下来应该怎么做啦。**

## 17 小猫咪为啥喜欢纸箱子

话说，
"双十一"又到了，
马上又要有**一大波纸箱子**到家啦！

原因你们都懂。

而收到快递的时候，
**开心的可不止你一个。**

于是一个问题再次被提起，
那就是：
**小猫咪为啥那么喜欢纸箱子呢？**

据专业人士透露，
原因大概有以下几点。

## 1
### 四面遮挡 安全隐蔽

纸箱子正好符合小猫咪对藏身地点的要求，
所以小猫咪不但能在里面安心休息，

还能在里面展开伏击，
**"招猫逗狗"。**

毛！

## 2

### 比较保温 体感舒适

尤其是冬天，
比较厚的纸箱，
防风效果也挺好。

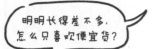

*小猫咪的心思你猜不到。

## 3

### 味道自然 爪感还好

纸箱子有一点猫窝比不上，
那就是——
可以磨爪子呀。

而且纸制品的味道相对比较自然，
小猫咪比较喜欢。

*是"哈士毛"。

## 4

### 大小皆宜 "胖" 有所依

无论是小猫还是大猫，瘦猫还是胖猫，
都能找到适合自己的纸箱子。
如果没有，那么挤挤也就合适了。

*大猫咪可听不得你这么说。

## 5

### 好奇心

作为猎食动物和机会主义者，
小猫咪本能地对有深度的空间充满好奇。
于是……

*错误示范。

而且，
纸箱子对铲屎官而言，
**经济、常见，**
实在是旅行、"剁手吃土"后的
**最佳选择啊！**

并且，
一定不要让纸箱剪切的截面太锋利，
否则可能**割伤小猫咪。**

★ 不要低估纸制品的坚硬、锋利。

★纸箱富翁！

也请不要在纸箱子外面
**涂抹化学染色剂。**

★ 小猫咪可闻不了这些。

但是，
想要小猫咪更爱纸箱，
**物尽其用，**
**也是有学问的！**

在兼顾以上注意事项的基础上，
如果你手艺实在棒，
那么也可以好好发挥创意，
**秀出你的风采！**

首先，
**最外层的纸箱子**
**尽量不要用，**
因为真的很脏。

**加油哦！铲屎官们！**

先消毒才能进家。

★给小猫咪做玩具的纸箱子，最好选择比较新的内层纸箱子。

# 一张图了解智商排行前10的小猫咪

**第 10 名**
**美国短毛猫**

最长情的告白
就是陪伴。

作为最受国人喜欢的"三短"品种之一，美国短毛猫可以说是"大众情人"。它们性格随和，与人相处非常融洽，又安静得恰到好处，银虎斑花纹已经成了这一品种的经典花纹。

备注："三短"分别是美国短毛猫、英国短毛猫和异国短毛猫（俗称加菲猫）。

**第 9 名**
**缅因猫**

安静又睿智的
温柔"巨人"。

尽管外形巨大、威风凛凛，但缅因猫是一种非常温柔、聪明的猫。作为工作猫出身的品种，其标志性的丰厚茂密的被毛，能完美抵御北美牧场的寒冷，长长的耳毛也是不少铲屎官的心头好。

**第 8 名**
**日本短尾猫**

"超级锦鲤"
就是我！

招财猫原型的日本短尾猫，是清秀可爱的品种，特别是三花色，被认为是幸运的象征，在日本可以算是家喻户晓的明星宠物。它们活泼亲人，环境适应能力非常强，虽然是单层被毛，但也要好好打理哟。

备注：在国内非常少见，小编有幸见到过，嗯……长相是非常可爱、有特点的。

**第 7 名**
**土耳其梵猫**

一度数量稀少，
但总会"王者归来"。

土耳其梵猫是以喜欢水、擅长游泳而闻名的品种，其丝质被毛非常好打理，体型巨大、身手敏捷并充满好奇心。它们虽然拥有古老的血统，却是个较晚被"小猫咪协会"认可的新品种，在发源地有数百年的历史，但数量依旧不多。

**第 6 名**
**孟加拉豹猫**

野性、美貌、运动力
的完美融合。

由家猫和豹猫繁育出的混血后代——孟加拉豹猫，非常聪明，运动能力很强，喜欢在垂直空间来回奔跑跳跃。厚实而自带金粉光泽的华丽被毛是这个品种最明显的特征。想养这个品种，一定要给它们足够的空间来释放精力。

## 第5名
### 柯尼斯卷毛猫
拥有小精灵外貌
的探险家。

拥有弯曲又柔软服帖的被毛、高高的蛋形鼻梁和大耳朵的柯尼斯卷毛猫在外貌上非常有视觉冲击力，个性也非常鲜明，喜欢运动和探索，修长的四肢异常灵活，常被称作猫中的灵缇犬。

## 第4名
### 阿比西尼亚猫
喜欢互动的聪明
"狗狗猫"！

猫界的社交高手就是它。这个品种以其聪明和热情而闻名，非常热爱家庭生活，充满自信并善于互动，会跟所有猫都成为好朋友，其运动能力也同样非常出名。作为其衍生品种的索马里猫（视觉上看就是长毛版的阿比西尼亚猫）完美继承了以上特征。

## 第3名
### 暹罗猫
无冕的"醋缸之王"。

暹罗猫是短毛猫的经典代表、长相充满了异域风情，是世界上最知名、最受欢迎的品种之一。其情感丰富、心思细腻，渴望主人的关注和陪伴，非常聪明又善于察言观色。比起和其它小猫咪玩，它们更喜欢依偎在主人的怀抱里或者被子里，是非常怕冷又怕孤独的品种。

作为暹罗猫的衍生品种，各种花色的东方短毛猫、重点色短毛猫以及它们的长毛版，也都继承了暹罗猫的智商和性格。

## 第2名
### 加拿大无毛猫
我秃了，但是我
变聪明了！

加拿大无毛猫牺牲了被毛，把"技能点"全部堆砌到了智力上（开玩笑的……）。作为猫界外表最特立独行的品种之一，它们的智商也同样非常出名，怕冷又怕热，需要主人的细心照顾。其聪明又温柔的性格俘获了大批铲屎官的心。

## 第1名
### 中华田园猫
不接受反驳，赶紧
"上贡"就对了。

作为我国基数最大的小猫咪，中华田园猫中不仅有各种"盛世美颜"，也有数不清的高智商天才，最聪明的小猫咪当然非它们莫属了。虽然大家总觉得中华田园猫体质应该非常好、不易生病，但是也可能有遗传病和先天性疾病，铲屎官们也要注意。